取悦自己的无限种可能

心动的文具

16个行家的
文具灵感
×
100种高人气文具
×
基础知识

暮らしの図鑑
文房具

[日]生活图鉴编辑部 编
王静 译

中信出版集团｜北京

图书在版编目（CIP）数据

取悦自己的无限种可能：心动的文具 / 日本生活图
鉴编辑部编；王静译 . -- 北京：中信出版社，2023.7
　ISBN 978-7-5217-5435-3

　Ⅰ. ①取… 　Ⅱ. ①日… ②王… 　Ⅲ. ①文具－图集
Ⅳ. ①TS951-64

中国国家版本馆CIP数据核字（2023）第 036382 号

暮らしの図鑑 文房具
(Kurashi no Zukan Bunbogu: 6929-3)
© 2021 SHOEISHA Co.,Ltd.
Original Japanese edition published by SHOEISHA Co.,Ltd.
Simplified Chinese Character translation rights arranged with SHOEISHA Co.,Ltd.
through Japan Creative Agency Inc.
Simplified Chinese Character translation copyright © 2023 by CITIC Press Corporation

监修	**高木芳纪**
封面设计	伊奈麻衣子（surmometer.inc）
纸面设计	いわなが　さとこ
插图	WHW!
照片	安井真喜子
文	高木芳纪（第二部分）　生田信一（ファーインク） 酒井さより（专栏）　古賀あかね（第一部分）
编辑	生田信一　古賀あかね

取悦自己的无限种可能：心动的文具

编者：　　　［日］生活图鉴编辑部
译者：　　　王静
出版发行：中信出版集团股份有限公司
　　　　　（北京市朝阳区东三环北路 27 号嘉铭中心　邮编　100020）
承印者：　　北京启航东方印刷有限公司

开本：880mm×1230mm　1/32　　印张：7　　字数：82 千字
版次：2023 年 7 月第 1 版　　　　印次：2023 年 7 月第 1 次印刷
京权图字：01-2023-0827　　　　　书号：ISBN 978-7-5217-5435-3
定价：65.00 元

序言

　　构成我们生活的有多种事物。而亲手挑选物品可以让我们每天的生活绚丽多彩。

　　"取悦自己的无限种可能"系列书籍甄选精致事物，只为渴望独特生活风格的人们。此系列生动地总结了使用这些物品的创意以及让挑选物品变成乐趣的基础知识。

　　此系列并不墨守成规，对于探寻具有独特个人风格的事物，极具启发意义。

　　这一册的主题是"心动的文具"。对于我们的工作、个人兴趣和生活而言，文具是不可或缺的存在。我们用手账管理日程，用笔记本面对自我，记录度过的每一天，描绘收集可爱物品的喜悦之情。

　　本书内容涵盖文具迷们挑选文具的各种乐趣，以及应该了解的文具基础知识，还有和"文具女孩"一起挑选的新款必备文具。

　　如果能对您个人的文具生活有所裨益，我们将感到万分荣幸。

专栏

为了更好地享受文具的乐趣，你应了解的基础知识

目录

第一部分
16 个行家的文具灵感

III

专栏

有趣的工厂参观

附录

第二部分

文具女孩挑选的 100 件新款必备文具

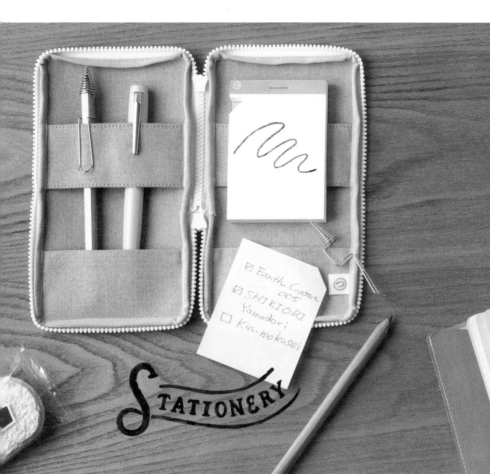

☑ Earth Contact
    005
☑ SHIKIORI
    Yamadori
☐ Kin-mokusei

STATIONERY

文具是一种实用物品。虽然有观点认为文具只要能用就可以，但如果更深入地了解的话，你就会发现一个深奥又妙趣横生的世界。

这部分我们向以创作者为首的各类文具爱好者、文具收集者等文具领域的 16 位大咖请教，了解了他们所钟爱的文具世界。

这部分还汇集了笔记本、手账的使用方法以及如何收集、制作、收纳等，你一定会从中体会到不曾了解的新乐趣。

第一部分

16个行家的文具灵感

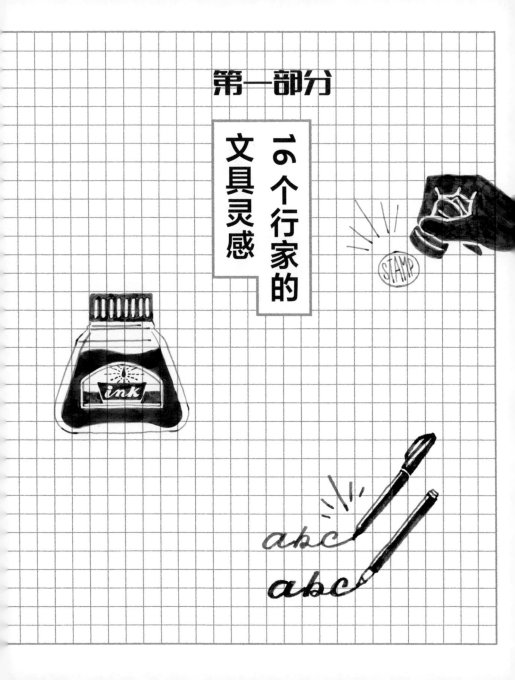

01 插画师 mizutama

mizutama 在洁白的 NOMBRE NOTE（参考第 114 页）
封面上手绘的插画。无论是封面还是封底，都如此
可爱。"这是一款便于翻开，而且在翻页时能感受
到顺滑、愉悦的笔记本。"

01
插画师

mizutama（本名：田边香纯）

🐦 @mizutamahanco
📷 @mizutamahanco
URL www.mizutamahanco.com

居住在日本山形县米泽市。从 2005 年开始制作橡皮印章，并作为插画师活跃着，于 2019 年冬出版绘本。她不仅与多家文具厂商合作，而且著书良多。代表作有《文与具的闪光文具店》《mizutama 最爱的 100 件文具》（均由日本玄光社出版）等。

降低使用门槛：轻松、自由、愉悦地使用

"这个笔记本我想这样用！尽管计划时很开心，还是仍需尽量降低使用难度。即使有空白也无所谓，胡乱涂写一番也没关系。尽量宽待自己。这是享受笔记本的秘诀（笑）。"

笑意盈盈地说出上面一番话的，正是格外钟爱文具的高人气插画师 mizutama。她与文具厂商联合推出多款文具，牢牢抓住了"文具女孩"的心。

"有的人试着画了幅插画，但没画好……用纸胶带或贴纸装饰一下就好。无论是笔记本还是手账，只要把空白处填满，就会觉得很开心。然而，即便留有余白，也可以试着在平淡的日子里贴上可爱的贴纸。这样你就会感觉这也是美好的一天。剪啊贴啊，本身就会让人快乐，也许今天也会成为美好的一天。如今大家居家的时间增多，在享受文具带来的乐趣时，生活也会变得多姿多彩。因此，收藏文具是一种乐趣，使用文具更是令人愉悦。我想向大家传达这样的想法。"

mizutama 每周会在照片墙（Instagram）直播讲解各类文具的用法和收纳方法，一定要去看一看。

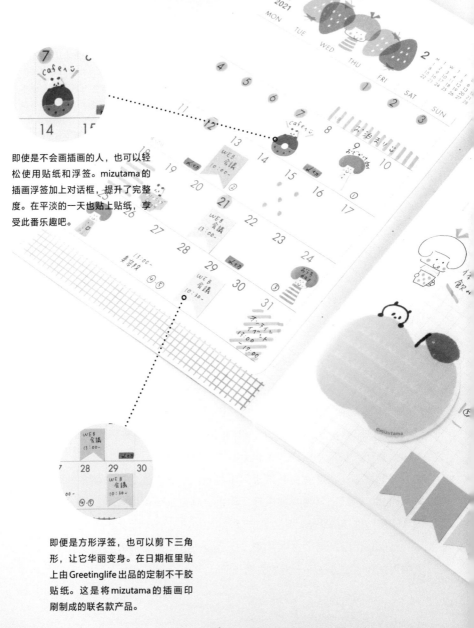

即使是不会画插画的人，也可以轻松使用贴纸和浮签。mizutama 的插画浮签加上对话框，提升了完整度。在平淡的一天也贴上贴纸，享受此番乐趣吧。

即便是方形浮签，也可以剪下三角形，让它华丽变身。在日期框里贴上由 Greetinglife 出品的定制不干胶贴纸。这是将 mizutama 的插画印刷制成的联名款产品。

右下角是贴浮签的地方。如图所示，在空白处贴上浮签，既可爱又可以随时使用，十分方便。

mizutama 的 "放松日志"

将笔记本打造成原创手账的做法——日志手账。如图片所示，mizutama 将附带日期的定制不干胶贴纸贴在笔记本上，让它变成了手账。"一般而言，手账内容紧凑，如果有的日子没有写，留下一片空白，就难免让人感到有压力。但是，倘若是笔记本的话，就可以自由书写。轻松享受，这就是所谓的'放松日志'（笑）。"

02 手绘艺术家 CHALKBOY

GOOD LUCK

自由绘制草图，来自灵感笔记本的乐趣

HELLO!

EATBEAT!

Tanigak

AT

fies'17

yabu city

10TH NOV.

COME

这是手绘艺术家CHALKBOY的灵感笔记本。封面上既有绘画拼贴，也有手绘。他所用的是开合方便的古抄本式MD笔记本，由MIDORI出品。书写工具有百乐钢笔、蜻蜓水性彩色笔ABT、铅笔等。钢笔墨水是百乐"色彩零"（iroshizuku）系列的"月夜"。

6

02

手绘艺术家
CHALKBOY

@chalkboy.me
@whw_whatahandwrittenworld

"在咖啡店打工时，我每天在黑板上手绘菜单，觉得越发有趣。等回过神来，它已成为我的工作。最近我也能在非黑板材质上用粉笔以外的工具进行艺术创作了。" 2018 年成立了 CBM inc.，组建了包含多位艺术家在内的手绘团体"What a Hand-written World!"（简称 WHW!），目前以团队模式运营。

当下炙手可热的艺术家 CHALKBOY，通过书籍《绝美的手绘世界》一炮而红。以用粉笔在黑板上创作的手绘艺术字为基础，从店铺名片到杂货店、百货店的视觉艺术，他的作品屡见于众多领域。2018 年 CHALKBOY 成立了手绘团体 WHW!。他还亲手为本书画了插画。支撑其杰出工作的正是手绘的灵感笔记本。

"我的笔记本里绝大多数是我关于手绘的各种粗略想法。此外，我还把自己在意的画刊印刷品等粘贴在里面，所以笔记本也用作收集素材。"

手绘艺术的乐趣正被大众关注，很多人都想简单地写写文字、画画插画。为了享受手绘的乐趣，他推荐大家一定要给自己准备一个笔记本。

"谈到手绘艺术字和插图，我认为画得开心比画得好更重要。请好好享受唯有手绘才有的皱巴巴、手抖和画错的地方。为画什么而苦恼时，建议先试着临摹身边物品（如红酒、啤酒、点心等）的标签。我还在镰仓画室不定期举办讲授手绘秘诀的工作坊。"

首先，不要把手绘想得太难，去享受它的乐趣。尝试开启你的手绘生活吧！

比画得好更重要的是画得开心

用铅笔，用钢笔，用各种笔。这是一个能够自由绘画且充满乐趣的灵感笔记本，从中仿佛可以窥探CHALKBOY的大脑。一项工作从许许多多的点子里孕育而生。"之所以使用A5尺寸的笔记本，是因为短边约为15厘米的A5纸既可以夹着A4大小的纸，也可以作为尺子。"

KIRIN
HARD CiDRE

Shiny. Sparkling
KIRIN
ard Cidre

KIRIN
ARD CIDRE

IDEAL
STATIONERY
理想的文具
FAIR

03 手绘艺术工作者
bechori

Where the spirit of the Lord is, there is Freedom

图上是 bechori 将多种颜色的墨水混合，用蘸水笔
描绘的单一线条艺术字。完成时用白色点高光，
用灰色画阴影，便会呈现出立体感。其中细线条
的英文字母是用玻璃蘸水笔完成的。

手绘艺术字的
乐趣

03

手绘艺术工作者
bechori

🐦 @bechori777
📷 @bechori777
URL linktr.ee/bechori777

用手写的方式书写艺术字、书法和日文等文字的艺术工作者bechori。新作有《bechori的彩色手绘艺术字：通过使用不同的笔，展现更精彩的世界！美丽的手绘文字课程》(meitsu 出版)。除在杂志《趣味文具盒》进行连载，他还在优兔（YouTube）等平台发布视频。

用蘸水笔、马克笔、软头笔，通过色彩来享受手绘艺术字的乐趣

2019 年，bechori的首部著作《bechori的彩色手绘艺术字》问世，其本人凭借富有魅力的手绘文字声名鹊起。应该有很多人都想尝试用艺术字将手账和笔记本装扮一番。

"我向初次尝试艺术字的人群推荐两种艺术字。一种是单一线条艺术字，使用不区分强弱的单一线条来书写。另一种是软头笔艺术字，使用区分强弱的软头笔来书写。无论哪一种，只要有笔和纸就可以开始尝试。上页的单一线条艺术字使用了专业的玻璃蘸水笔和钢笔墨水，但只要是线条粗细没有变化的笔，用马克笔也完全没问题。单一线条艺术字适合使用CLiCKART（参考第102 页）、三菱铅笔的POSCA。倘若是软头笔艺术字，推荐之一是派通的Fude Touch签字笔。"

那么用什么纸张好呢？

"如果使用马克笔之类的笔，一般来讲推荐表面顺滑的高品质纸张。这样不损伤笔尖，可以画出漂亮的线条。如果是用作练习，五元店里的report pad（拍纸本）就完全可以胜任。推荐使用方格绘图纸或点阵绘图纸，因为它们本身就是衡量文字大小的标尺，可以帮助人们书写大小齐整的文字。手绘文字的时间就是面对自我的美好时间。请一定试着挑战一下。"

使用派通的Fude Touch签字笔完成的软头笔艺术字。
调整用笔力道的大小，可以使字母线条或有力，或纤
细。控制写字的力道，使其在线条上有规律地展现强
弱，是软头笔最基本也是最重要的窍门。

その年の暮、ただ一人の私の姉は嫁
なりまして、何かとそれまで我儘に
私は、母と二人きりになったので
にしろ母もまだ若く、私も二十になな
のことでございますし、その上、そ
のことではちがいまして、夜になると早さ
通とはちがいまして、夜になると早
めるといった極めて静かな場所、そ
までいた姉もいず、随分と心細い思
ことを今も覚えています。

「昔尊く　二千六百年を迎えて」上

使用Tono&Lims（参考第110页）的墨水"秘密主义粉色"和HASE玻璃工坊（参考第107页）的玻璃蘸水笔完成。文字源于推特账户"随意书写的内容"（@manimani_syosya）。网络上有很多面向想练习文字书写的人群的账号，因此想挑战艺术字或想写一手好字的人请试着浏览参考一下。附带主题标签（#）投稿，既可以让更多人看到你的作品，也会提升你的干劲儿。

04 插画师 Mazume Miyuki

玻璃蘸水笔和
墨水的乐趣

The Boy Who Cried Wolf

Mazume用玻璃蘸水笔和彩色
墨水完成的作品。玻璃蘸水笔
常被用来书写文字，其实它也
非常适合用来绘画。图上的小
熊作品是原创的明信片，显示
出拥有众多色彩的彩色墨水独
有的美。

04

插画师

Mazume Miyuki

 @Miyuki_Mazume
 @mazmickey324
URL atelier-pacca.com

居住在日本鸟取县的插画师，是一位孩子的母亲。喜爱墨水和文具，尤其钟爱钢笔墨水和玻璃蘸水笔。亲自设计了与Tono&Lims的联名款墨水 "OLD BOOK"。主持了多个线上工作坊和照片墙直播活动，致力于向公众宣传墨水和玻璃蘸水笔的魅力。

深奥有趣的『墨水世界』：
玻璃蘸水笔也可自由更换墨水

如今很多人都沉迷于墨水的世界中无法自拔。几年前"当地墨水"（参考第112页）活动掀起热潮，墨水的狂热爱好者层出不穷。

"我是这两年开始沉迷于彩色墨水的。从百乐的'色彩雫'系列3色彩色墨水开始'入坑'，回过神来，我在一年时间里已经收集了约100种彩墨。石丸文行堂、NAGASAWA文具中心等当地的彩色墨水自不必说，墨水工坊还有墨水混合师可帮你调配喜爱的色彩，墨水的乐趣越来越多。即便觉得是同一色彩，但只要书写就会发现它们有微妙的差异，很有意思。"

在收集的众多适合用墨水来画插画的书写工具中，玻璃蘸水笔是Mazume最喜欢的。

"很多人用钢笔墨水写字，而我主要是用来画画。与钢笔不同，玻璃蘸水笔可以用水清洗笔尖，更换色彩时方便快捷。此外，玻璃蘸水笔可以完全驾驭容易堵塞钢笔的闪粉彩墨和颜料墨水等，使作品具有多重表现力。颜料墨水可以叠涂，也适合长期保存。最重要的是，玻璃蘸水笔的魅力在于它的运笔感受。实际书写时，笔尖游走于纸张上那种顺滑的感觉，还有墨汁停留在纸上的感觉，所有这些都会让你心潮澎湃。"

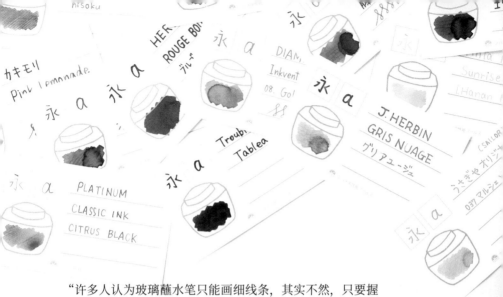

　　"许多人认为玻璃蘸水笔只能画细线条，其实不然，只要握笔时稍微倾斜就可以画出粗线条。因为轴距短，易于持握，所以可以像用蜡笔那样用。玻璃蘸水笔表现力丰富，也易于作画。墨水储藏在笔尖的沟槽里。试着亲自写一下，你也许就会惊讶于它的持久书写能力。"

　　在日本，多数生产玻璃蘸水笔的工厂都是一支一支地手工制作完成，所以这种笔最便宜的也要数千日元①。

　　"首次尝试的人也许会觉得它价格昂贵。有的国外产品价格实惠，然而难点在于廉价的物品有好有坏。碰到质量好的笔当然就没问题。开始时不妨先用一支物美价廉的玻璃蘸水笔。倘若写着写着自己越发喜欢，肯定会想要试试品质更好的笔。显色效果会因纸张不同而有所差异，因此慢慢地也会对纸张产生兴趣。也许一瞬间就会沉醉其中，无法自拔（笑）。"

---

① 100日元≈5.1元人民币（2023年5月）。——编者注

Mazume 的原创色卡。如上页所示，用手头的彩墨写上彩墨名称、品牌名等信息，用作收藏。

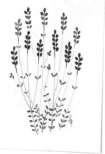

每支手工制作的玻璃蘸水笔用起来感觉都有所不同。精美的外观也会吸引你收集更多的玻璃蘸水笔。"喜欢墨水的人士之间还流行把彩色墨水倒入小瓶中，相互交换。"

手账
时间的
乐趣

请教了
这个人

05 Yuzu 文具店
Yuzu 店长

Yuzu 常常随身携带手掌大小的皮革活页手账 "M5"（Ashford 出品），用于记录待办清单、日程管理，也可以记点儿笔记。M5 发布了样式繁多的活页内芯，它的魅力在于可以依据自身喜好来管理手账。图中的三折内芯是 Yuzu 文具店独创的"习惯追踪"，可以用作每日事项管理和健康管理。背面可以写每月待办清单和心愿单。

05

Yuzu 文具店
Yuzu 店长

📧 @yuzu_tencho3
📷 @yuzu_huro7
URL linktr.ee/yuzu_huro7

"Yuzu文具店"在优兔上发布视频介绍文具和手账的活用方法。这源于她的一个想法，那就是"想帮助每个人找到适合的手账"。她在日本鹿儿岛与丈夫、长子一起生活。她还有另一个身份——"鹿儿岛手账部"部长。

思考想通过使用手账成为什么样的自己和使用目的

　　一个人静静地面对手账时，就是计划和复盘各种事情，这是只属于自己的时间。即便在忙碌的每一天，也试着去设定写手账的时间。"Yuzu文具店"在优兔上发布视频，介绍手账的活用方法，我们也向Yuzu了解了手账时间的乐趣。

　　"手账种类繁多，根据生活方式不同，使用方法也是各种各样。有的人喜欢填满每一页，有的人想通过手账去追求想实现的目标。不善于使用手账的人可以先琢磨一下这个问题：'我用手账的目的是什么？'稍作思考，你的手账时间就会充实起来。"

　　Yuzu把手账分为两种，即"自我管理的手账"和"书写快乐的手账"。

　　"自我管理包括日程等时间管理、待办清单、健康管理、目标管理等。因此需要思考自己想成为什么样的人，为此需要对什么进行管理。书写快乐的手账就是为了享受自由书写的乐趣，生活日志、插画、日记等都很适合。我的话，根据使用目的不同，目前同时使用3本手账。使用目的一旦明确，就可以在琳琅满目的手账商品中找到该选择的那一款。"

书写快乐的手账

尝过的美食、去过的地方、某一天的回忆等。记录喜欢的事、让自己快乐的事，这样的生活日志也是手账的作用。可以用插画、贴纸、装饰胶带点缀，也可以贴上照片和纸类手工。记录参加明星演唱会或见面会等兴趣爱好的手账也颇有意思。这本手账是 Hobonichi 推出的周计划本。在各个日期栏中写上想到的事或做过的事，右侧的笔记区可以自由书写。

可大量使用贴纸和纸胶带，每周设定一种风格。恰到好处地贴上贴纸，再写上文字，就可以完成可爱值超高的一页手账啦。

左侧是计划，右侧是实际行动。此外，为了更好地达成目标，还有定期进行的打卡活动等。

自我管理的手账

日程安排、时间管理、目标管理、健康管理等自我管理是手账的一大作用。该手账是Ashford的皮革活页手账HB × WA5。垂直时间轴将一天左右分开，左侧写计划做的事情，右侧写实际完成的事情，时间利用情况一目了然。这是为实现目标而打造的手账。

05 Yuzu 店长

"随便挑选手账，有可能成为后面半途而废的原因。例如，月计划手账对于没有太多事要记录的人来说，是不错的选择，但不适合一天安排较多、想书写很多内容的人群。月计划手账品类丰富，有纵轴月计划，即日期从上到下，推荐给需要时间管理的人群。然而，由于缺少自由书写的空间，如果希望有自由书写的地方，建议参考上页的周计划手账。对于每一天都有很多事情要记录的人来说，一日一页就是最好的选择。"

寻找适合自己的手账

在喜爱的咖啡馆
记手账。

左页的 3 本手账都是 Yuzu 店长的心爱之物。从左到右依次是 M5、Hobonichi 的周计划本、Ashford 的皮革活页手账。因目的不同而区分使用。

我们经常听说，有人心血来潮买了手账却有始无终。对于这样的人，Yuzu 的建议是"先提前确定好记手账的时间和地点"。

"选择在咖啡馆写手账的人还是比较多的。为了写手账，我也会不断变换自己喜爱的咖啡馆。首先设定好写手账的时间和地点。还有一点，就是要抽出时间回顾手账，即重新审视自己是否在朝着目标前进，手账是否有更好的用法。尽管当下的手账用法并不是最适合的，但需要一边重新审视，一边寻找适合自己的用法。"

腾出时间重新认识手账

请教了
这个人

06 测量野账的使用者
Pitna

图上为Pitna拥有的众多手持测量野账中的很少一部分。仅看丰富多彩的封面设计，就让人乐在其中。下图中第二列从右向左数的第二本手账，就是Pitna用独创的插画完成的作品。

测量野账的乐趣

06

测量野账的使用者

Pitna

🐦 @Pitna_Pitta

URL twitter.com/i/
events/868478596582526976

喜欢测量野账和涂鸦。日本装饰稿纸消费者协会会员（会员号 No.268）。除了测量野账，她还喜欢 ochibi、Hobonichi 和 POUCH DIARY 的手账。

轻便结实的硬壳封面，依据主题区分使用

大家了解"测量野账"吗？自 1959 年国誉（KOKUYO）推出测量野账以来，这款口袋大小的手账一直活跃在测量业务和建筑工地的现场。它以耐磨、优质的硬壳封面和实惠的价格为大众所喜爱，如今不同领域的很多消费者都在使用它。Pitna 依据不同的主题，同时使用数本测量野账。

"它很轻薄，带有硬壳封面。因此既能随身携带多本，又有多种使用场景。我对野账一见钟情，从 2016 年开始使用至今。目前我有日记野账、专栏笔记野账、生日花插图野账、乌冬面野账、咖喱野账、纸胶带野账、外出野账、读书野账等。根据不同主题，我同时使用 11 本野账。"

测量野账的内页因方格线条不同，分为 LEVEL、TRANSIT 和 SKETCH BOOK 三种类型。此外，因封面的烫金花纹不同和特定设计等，测量野账的品类繁多，因此也具有收集的乐趣。

"即使依据主题的不同使用多本野账，也不会导致体积庞大，因此我手边的野账就越来越多，这也是我用它的原因。它价格便宜，随处可以买到，此外市面上还有博物馆的原创野账、限定版野账等，因此不知不觉就收集了很多。还可以自己制作原创封皮手账，感觉特别好。"

纸胶带野账

这大众喜爱的纸胶带野账。只要粘贴收集的纸胶带就可以，难度较低，推荐初学者尝试。

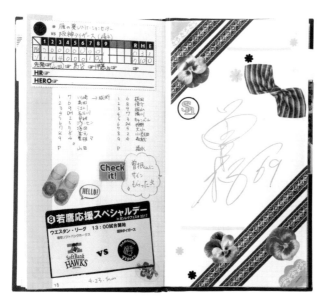

福冈软银鹰（日本职业棒球队）野账

为了记录棒球比赛得分和结果，她每年写满两本野账。野账右侧的签名来自日本前软银鹰队员曾根海成。它轻便袖珍，便于携带。

生日花花语野账

用双色笔创作的全年 365
天的生日花插画和花语。
SKETCH BOOK 的野账内页
为 3 毫米的淡蓝色方格，
描绘艺术字、背景花纹等
非常方便。

旅行前野账

查一查并整理一下自己想
去的地方和喜欢的地方。
画画地图，写写值得游览
之处。等真的去游览的时
候，请见 29 页的旅行日
志野账。

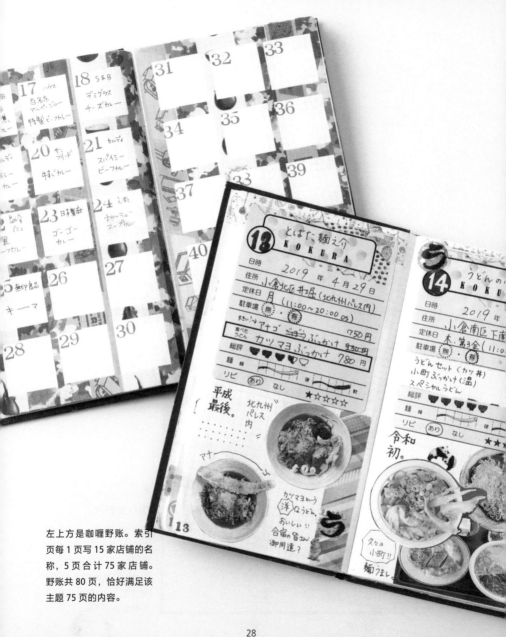

左上方是咖喱野账。索引
页每1页写15家店铺的名
称，5页合计75家店铺。
野账共80页，恰好满足该
主题75页的内容。

乌冬面野账

总结自己去过的乌冬面馆的信息。图上是卷首的索引页，记录店铺名称和所在页码，类似期刊手账那样的用法。用纸胶带做边线，美观大方。内页如上一页右侧照片所示。除了原创标签，还可以将照片打印出来，再进行拼贴。"う"的标志指地方节目《乌冬面地图》（うどんMAP）中介绍的乌冬面店。信息量很大。

旅行日志野账

即所谓的旅行笔记。贴满了店铺卡片和标签等。"野账的书脊不断加宽，野账也有了相当的厚度，真好！"收集来自服务区等地的印章也是不错的选择。

请教了
这个人

手账和笔记本爱好者

07 NANATSUBOSHI

拼贴
笔记本的
乐趣

用于拼贴的笔记本琳琅满目。上方来自 Rollbahn（参考第 114 页）、位于 Gransta 丸之内的旅行者文具店（Traveler's Factory）推出的东京站限定款笔记本。最下方的小笔记本里以印章艺术家的印章为主。

活用积攒的物品：纸胶带、印章和纸张

原本就喜爱文具的 NANATSUBOSHI 收集了很多纸胶带、印章和纸张。然而，用得没那么快，就积攒了一大堆。从此，她开启了拼贴之路。

"开始的时候，我边看边模仿。我会利用手边的物品，把美味甜点的包装纸、限定版包装材料、店铺宣传小册子等也拿来拼贴一番，从中体会到一种仿佛那时的记忆也被保留下来的乐趣。"

NANATSUBOSHI 把配着可爱插画的 Hobonichi 手账公开发布在网上，尽管她不擅长插画和手写文字，但依然享受其中，这就是拼贴笔记本的魅力。

"如果不擅长手写文字，可以剪点英文报纸，贴上纸贴纸和普通贴纸，盖上印章。我喜欢盖上自己欣赏的印章艺术家的印章。先要确认主题，再结合色彩选好颜色。假如是中间色，就选中间色搭配，如果是灰色系，那么色调很容易搭配。我想把优雅的色彩平衡和排版设计用照片保存下来。"

居家时，我们可以收集在家享用的点心包装之类的物品，面对笔记本的时间也许就是一段快乐时光。

旅行笔记

逛遍文具店，把在那里购买的纸胶带及其标签、票据等拼贴一番。上图为位于东京都中目黑的旅行者文具店页面。盖上那里的印章，贴上手边的纸胶带，这家店铺的"报告"就大功告成。

07 NANATSUBOSHI

在Rollbahn笔记本上拼贴

吃完点心，如果很喜欢它的包装纸，舍不得扔，
就可以贴起来。结合点心的主题，配上咖啡图
案的印章，再用剪成小块的纸胶带点缀一番。

请教了
这个人

08 mukuri
心满意足手账店店长

这是吸收了子弹笔记优点的原创手账。MARK'S 的 A5 尺寸活页手账加上自创的替换内页。卷首用可视化的方式梳理了梦想清单（年目标）。其后依次是月计划、周计划的项目页，末尾附上可以确认自己"喜好"的 100 个事物的清单。

08

心满意足手账店店长

mukuri

⊙ @_mukuri_

URL peraichi.com/landing_pages/view/mukuri

以"心满意足手账店店长"为理念，在以优兔为主的社交网络平台上发布视频，讲述如何用手账和笔记本梳理生活，同时会发布可供打印的笔记模板。

用原创模板，书写管理空闲时间的手账

子弹笔记记录方法多年来备受关注。与提前印刷好日期的传统手账不同，子弹笔记采用自己书写日期的方式。其特点是，即便是那些用不惯现有手账的人群，也可以自由创作具有个人风格的原创模板。

mukuri的手账就是将子弹笔记方法与原创要素有机融合的产物。

"我平时将手账分为两大类。ON手账和OFF手账。ON手账负责管理工作、学习、梦想等有意识的奋斗事项，书写时采用子弹笔记的记录方法。另一类，即左页的OFF手账，是记录休闲时光的手账。我不会在上面写关于工作等劳心耗神的事项，其特点是让自己心满意足。换句话说，我的手账分为精力集中模式和放松模式。尽管OFF手账也采用了子弹笔记的记录方法，例如按条目书写、设定索引页，但所用的书写模板都是原创的。我会把设计好的模板打印出来使用。这种笔记的好处在于可以定制让自己用起来更方便的模板。"

mukuri设计的原创模板还可以在线下载购买。请一定要挑战一下子弹笔记的记录方法，来完成你的专属手账。

绿色马克笔代表"幸福转换器"，是指做了就会感到神清气爽、元气满满，用在有积极变化的时候。黄色马克笔代表"在意的事情"，粉色马克笔表示"不想忘记的事"。通过回顾，可以注意到自己的兴趣和爱好。

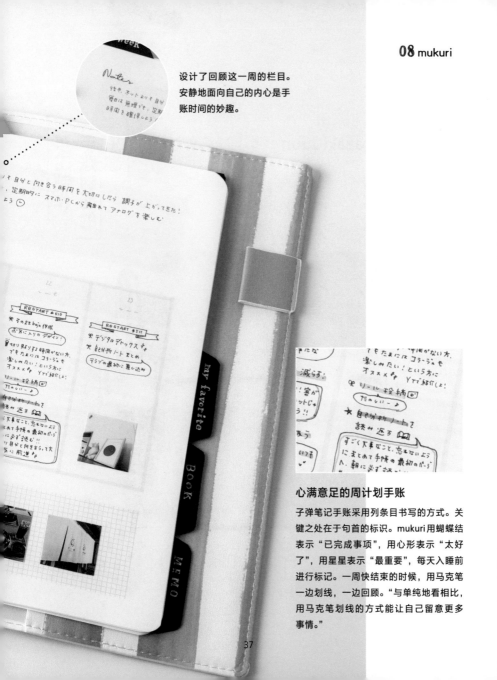

设计了回顾这一周的栏目。安静地面向自己的内心是手账时间的妙趣。

心满意足的周计划手账

子弹笔记手账采用列条目书写的方式。关键之处在于句首的标识。mukuri用蝴蝶结表示"已完成事项",用心形表示"太好了",用星星表示"最重要",每天入睡前进行标记。一周快结束的时候,用马克笔一边划线,一边回顾。"与单纯地看相比,用马克笔划线的方式能让自己留意更多事情。"

09

手账活用设计师
Miyazaki Juun

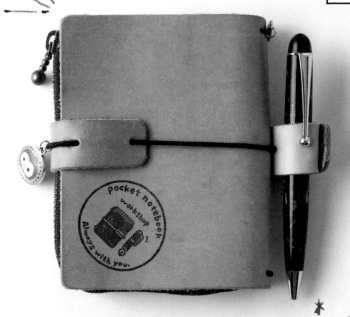

手掌大小的真皮封面手账ochibi。与一杯
咖啡比一下，就能明白它有多小巧。它与
Rollbahn（参考第114页）的迷你系列相
得益彰。还可作为便携笔记本。

09
手账活用设计师
Miyazaki Juun

 @juunchan
 @juunchan
URLwww.pocket-notebook.com

手账活用设计师。制作手账周边产品，提出方案指导人们如何利用面对手账的时间。她主要为大众提供作为高效管理生活、快乐生活的工具——手账的活用方案。除主持"手账早餐会"，还多次在"手账社中"组织举办手账相关活动。在名为"pocketnotebookworkshop"的商店开展手账制作工作坊。此外还亲自担任NOMBRE NOTE "N"的监制。

手掌大小的皮革封面手账ochibi

手账活用设计师Miyazaki Juun 向公众提供各种形式的面对手账的时间方案。她在网络上精力饱满地主持共享手账时刻的"手账早餐会"等节目。其中一项就是制作原创手账的工作坊。制作的就是袖珍手账ochibi的封面。

"在使用手账的过程中，重要的是书写，然而从海量信息中挑选出要写的内容，这个过程也很关键。因此，我向大家推荐能够承载'一手资料'的利器——ochibi。首先，先把内容写下来，随后要做的就是转记。最初ochibi只有A7尺寸的笔记本，现在推出了让信息取舍更方便快捷、用作活页手账的ochibi M5和ochibi M5 plus等三种类型。"

M5是最小尺寸的活页手账。很多人都喜欢它，据说还有人收集各种封面。

"小巧的手账使用便捷，可以替代备忘录，此外把它和手机一同随身携带也完全没问题。有人把它夹在零钱包里，和交通卡、名片等一起携带使用。它的魅力在于尽管身材小巧，却可以成为你的钟爱之物。"

制作ochibi的工作坊一景。从五彩缤纷的材料中挑选自己喜爱的皮革和零件，制作一本专属于自己的手账。享受一边欢畅聊天，一边动手制作的快乐时间。

尽管这款ochibi可以在网络上购买，但其实乐趣在于"挑选喜爱的颜色和部件，进行手工制作"。个人定制活动可以通过照片墙直播的方式举办。

"我们的皮革颜色共有 20 多款。制作 ochibi M5，需要选择主体封面用的皮革、主体和活页之间的隔页板（垫板）、笔夹和橡胶。选好后，开始打孔，组合完毕就大功告成了。随着使用年限的增加，它的高品质皮革就会泛出光泽，用起来也更加舒服。"

试着用自己专属的手账封面，来享受手账生活的乐趣吧！

亲自挑选、手工制作完成，
你对它的珍爱会与日俱增

这是宽 62 毫米，长 105 毫米的最小
尺寸活页手账M5。可替换纸张的也
是这款 ochibi 风 M5。M5 中的"5"是
指 5 孔装订。手账封面也是 5 个活页
环。搭配喜欢的颜色和印章，别有一
番乐趣。

09 Miyazaki Juun

41

10

文具策划师
福岛槙子

把收集的文具
收纳整理的乐趣

福岛槙子也推荐了Hobonichi的"小抽屉包"（参考第162页）。可随身携带，同时保持内部井然有序。

10

文具策划师
福岛槙子

🕊 @maki_td
📷 @maki_meme
URL makiko.info

文具策划师。线上杂志《otegami信》总编辑、《每日文具》副总编辑。通过在网络和社交网络平台发布信息，以及参加广播、电视、杂志等媒体节目的录制，策划有文具陪伴的美好日子并提出相关建议。其著作《文具的整理方法》（玄光社）正在售卖中。猫咪图案文具收藏者。

不用舍弃，也能收纳整理 不断增多的文具

居家办公时，收集的文具在桌子上摆得乱七八糟，无法按照想要的方式进行收纳。尽管收纳是件好事，却苦于找不到想用的文具……要解决这个常见的烦恼，秘诀就在文具策划师福岛槙子的著作《文具的整理方法》里。

"喜欢并购买了某件文具，却将其束之高阁，大家是否有过这样的经历？由于都是好不容易买来的文具，因此我想让大家通过收纳整理，享受'被喜爱的事物包围'的生活乐趣。与室内家具相比，文具小巧精致。但正由于文具日常使用频率较高，如果使用你亲自挑选的心爱文具，那么你的生活质量就会飞速提升。"

那么，事实上整理的秘诀是什么呢？

"太喜欢了，反而舍不得用……大家都会有这样的心理吧？那么可以把它当宝贝一样，好好保管起来。然而想用的文具却找不到，就会成为压力。因此首先要把自己手头的文具悉数摆放出来，做到心里有数，这是第一步。如此一来，就可以把文具分为两大类，即喜欢的文具和其他文具。"

首先把文具分为喜欢的和其他文具两类，接下来按照类型不同，分成要用的文具和不用的文具。

　　根据使用频率，把"喜欢且要用的文具"收纳在易拿取的地方。"喜欢但不用的文具"放在特殊的宝物盒或装饰架上。不怎么喜欢但要用的文具，可以和喜欢且要用的文具放在一起收纳，慢慢地使其变成喜欢的东西。不再喜欢且不用的文具可以将它作为礼物赠送给朋友，断舍离。建议这样来重新审视手边的文具，再次确认你对它的喜爱之情。"

　　福岛槙子在书中推荐了多款收纳神器。你也可以试着做一个专属的"被心爱之物充满的抽屉包"。

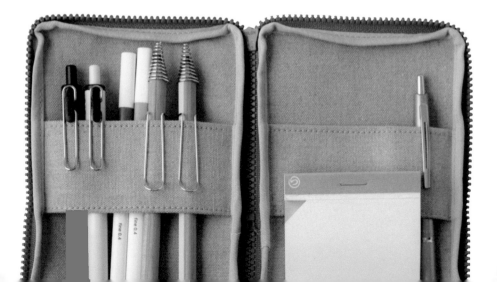

抽屉里或写字台周边放满了心爱的文具，
单单是看着也能获得力量呢！

请教了这个人

11 橡皮收藏家

mayupooh

收集同一种文具的乐趣

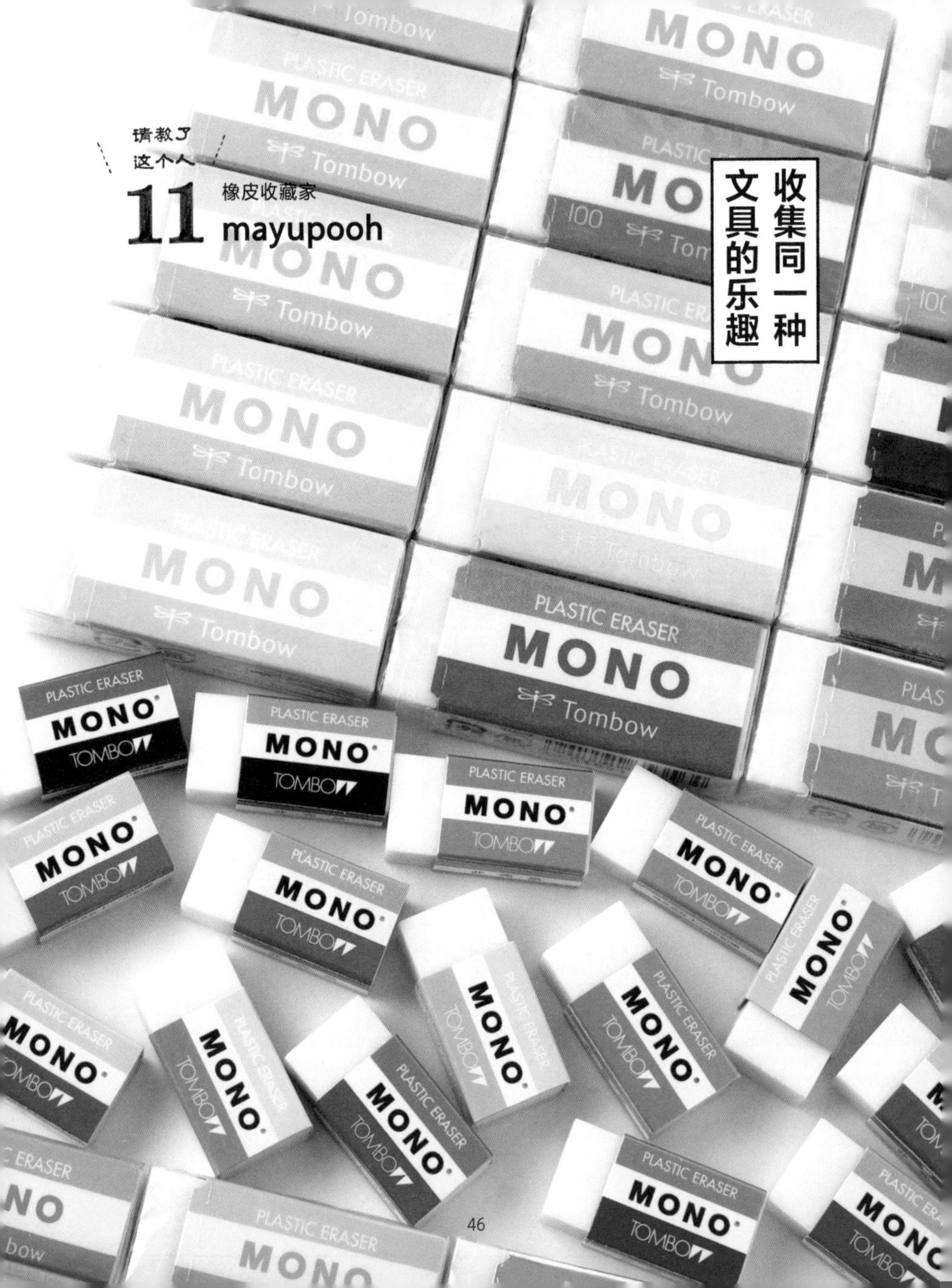

11

橡皮收藏家

mayupooh

@mayupooheraser
@mayupooh_eraser
URL mayupooh.blog80.fc2.com

居住在日本千叶县，是两个孩子的妈妈。作为橡皮收藏家，参加电视节目等媒体录制。收集橡皮已有 35 年，数量超过 23 000 个。著有《橡皮收藏》。

收藏的橡皮数量竟然超过 23000 个

作为橡皮收藏家的mayupooh曾录制过《松子不知道的世界》等电视节目。在她家的收藏间里摆放着数量惊人的橡皮，如今数量仍在不断增加。

"20 世纪八九十年代，我上小学时，精品店风靡一时。店铺里摆放着可爱的橡皮，我为此深深着迷。10 岁时，因为舍不得用HINODEWASHI的香味橡皮，我把它收起来了，于是它成为我收藏的第一块橡皮。

"橡皮的作用是擦除铅笔笔迹，从用途上来讲，一块橡皮就够用了。然而世界上的橡皮可谓五花八门。造型有点心、水果等食物，还有饮料、服饰、小物件、杂货、家电、陆地动物、鱼、交通工具……所有的东西都可以变成手掌大小的橡皮。有的可爱，有的是和本体一模一样的迷你产品，也许你会为它们的精巧做工惊叹不已。此外，还有限定款、联名款等橡皮，真乃穷尽一生也收藏不完。

"不知为何，收藏一款橡皮就会感到内心满足，仿佛回归了童心，让人欢欣雀跃。希望大家也能体会其中的乐趣。"

可爱的模切橡皮

可以大规模生产的相同花色迷你橡皮。"无论是现在，还是过去，一看到装在瓶子里的'小可爱'，我就按捺不住内心的喜悦。这款是Yell World出品的'小瓶甜品橡皮'。很多卖场都采用小瓶子随心装的方式售卖橡皮。"

用金属模具制成的橡皮

右页图片中摆放的色彩缤纷的小动物橡皮来自Iwako Global出品的"Iwako色彩"系列。"该系列橡皮采用金属模具塑形。它由多个部分构成，通过改变组合方式，可以享受变换颜色的乐趣。"

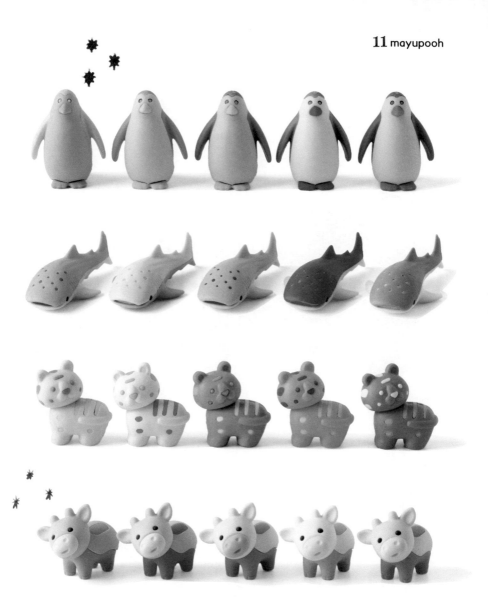

49

收藏和使用
纸张的乐趣

请教了
这个人

纸张收藏家
12 maki

12

纸张收藏家
maki

@makihappy0715
URL ameblo.jp/happa-ya222

既无网店也无实体店的旅行文具店happaya 的店长。在咖啡馆或举办活动时售卖相关商品。住在东京。喜欢文具、纸张、箱子和咖啡。酷爱萌萌的包装和金属罐。

把收集的纸张做成信封或书皮的乐趣

　　总之，就是喜欢纸张，不知不觉间买了一大堆……这样的人不在少数吧。买东西是件好事，然而越攒越多也许会让很多人发愁：这该怎么办呢？在和同样喜爱纸张的朋友交流时，收藏家maki会用到自己收集的纸张。

　　"当面送朋友礼物时，我会直接用上进口产品的华丽包装纸袋。里面装的是和朋友分享的贴纸、迷你便签等。倘若不是当面赠送，我会把纸袋叠成信封，通过非标准邮件来寄送。"

　　记得小时候和朋友交换喜爱的文具、贴纸的人，也许会很怀念。maki收集了大量的可爱记事本和便签，正在收集的迷你信纸（参考第126页）竟有百余种之多。她每天用不同的可爱记事本给女儿写留言。

　　"尽管生活在数字时代，但如果能用稍微复古的留言来表达心意，那就再好不过了。"

maki 的纸袋收藏。无论是其他
国家的纸张，还是日本的纸张，
她统统收集。她把纸张放在给
朋友的礼物里或信件中。据说
她会随身携带硬质塑料文件夹
（参考第 166 页）。这样一来，倘
若外出时遇到精致的纸张，便
能将其收纳于其中了。

把心爱的纸张做成书皮，或者贴上收信人标签制成信封，又或者加上邮票风格的贴纸和便签，洋溢着对文具的喜爱之情的信件就制作完成了。

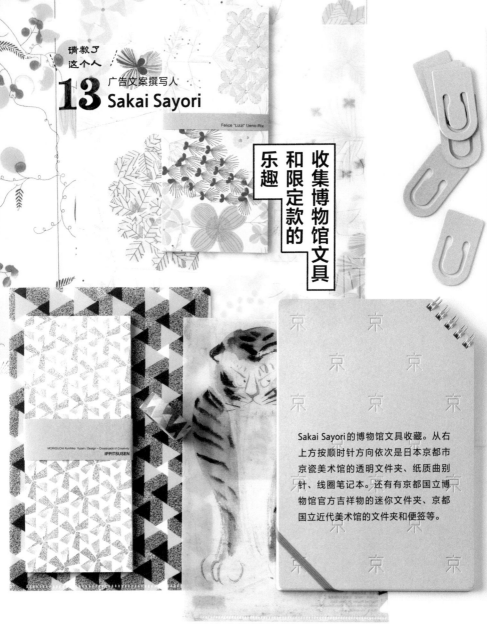

13 广告文案撰写人
Sakai Sayori

Felice "Lizzi" Ueno-Rix

收集博物馆文具和限定款的乐趣

MORIGUCHI Kunihiko Yuzen | Design - Crossroads Of Creativity

IPPITSUSEN

京京京京京京

Sakai Sayori 的博物馆文具收藏。从右上方按顺时针方向依次是日本京都市京瓷美术馆的透明文件夹、纸质曲别针、线圈笔记本。还有有京都国立博物馆官方吉祥物的迷你文件夹、京都国立近代美术馆的文件夹和便签等。

京京京京

54

13

广告文案撰写人
Sakai Sayori

◎ @SakaiSayori
◎ @sayorisakai

兴趣爱好是美术鉴赏、旅行、收集文具和矿物、读书、学习中文和练太极拳。对文具的兴趣始于对学习中文有裨益的写手账技巧，自此热衷文具，成为墨水控。还非常喜爱能使用瓶装墨水的水性圆珠笔。对中国大陆和台湾地区的文具和活字印刷也颇有兴趣。

美术馆官方文具和
展览会限定款文具

在广告文案撰写人Sakai Sayori收集的众多文具中，有很多美术馆和博物馆商店里售卖的文具。

"契机是有一次我去中国台湾旅行，在台北故宫博物院的商店里看到品位很高的文具。这些文具的设计灵感来源于博物馆的藏品，它们既有艺术气息又富有实用价值。无论是自用还是送礼都是不错的选择。从那时起，不管是去旅行，还是参加展览会，我都必定会去当地的博物馆商店逛一逛。"

美术馆和博物馆商店售卖的官方文具、以艺术藏品为设计原型的文具、策划展发布的限定款文具的魅力在于，你可以直接挑选在别处既买不到也看不到的稀有文具。千万不要错过那些可以作为惹人喜爱的礼品赠送，极具艺术性、设计华美的文具。

另外，限定款和联名款文具也让"文具女孩"沉醉不已。

"我会在社交网络平台等上查看文具相关的活动信息，尽量在现场购买。此外，我在去听现场音乐会的时候也会购买限定款文具，去镰仓丰岛屋的鸠文具时也会挑选兼作礼物的文具。"

也许就在某个国家、某条街道让你意想不到的地方，一件珍品文具正在等着你。所以，旅行或外出时，请一定别忘了去看一看。

长
期
使
用
文
具
的
乐
趣

请教了
这个人

软件工程专业的手写派

14 Butterfly

这些都是Butterfly喜爱的文具。左下方是她每天使用的紫红色皮革活页手账。上方是黄褐色的半定制皮革笔记本保护壳。笔袋里放着的是在重要场合中使用的华特曼（Waterman）钢笔。

14

软件工程专业出身的手写派

Butterfly

○ @SumiToFude

URL ameblo.jp/sumitofude

喜爱读书、文具、杂记、植物、编织、写信、料理和日本象棋的宅女。日本装饰稿纸消费者协会第 220 号会员。钟爱皮革手账封面、笔夹、钢笔等能长期使用的文具，并乐在其中。

越用情感越浓的皮革手账和钢笔

爸爸喜爱的高仕（CROSS）牌圆珠笔，使用超过 20 年的光滑皮革封面的活页手账……如果长期爱惜地使用高品质的文具，随着时光流转，对其的感情也会越发深厚。享受这般"养文具"生活的就是 Butterfly。

"我读大学时就开始使用光滑皮革封面的手账，如今皮革封面已变成了米黄色。颜色变化的乐趣源于真皮制品的优点。即便最初是同一色彩，根据使用程度不同，颜色也会有差异。另外，颜色的微妙变化还因人而异，这一点很有意思。

"我开始长期使用文具的契机是一支带转换器的钢笔（有可替代一次性墨囊的上墨器）。

"我不喜欢塑料的东西，因此选择耐用的文具。钢笔不需要替芯，是非常环保的书写工具。如果爱惜地使用，就可以陪伴你多年。我的华特曼钢笔就是结婚那年先生送我的生日礼物。多年来我一直很珍爱它。"

文具也是生活的工具之一。试着选择高品质的文具，并长期使用吧！

请教了
这个人

15 PalloBox
Kitagawa Seiko

乐趣 纸
的 艺

如何制作蜡纸

材料：喜欢的纸、蜡（五元店售卖的小粒丸状蜡，或用美工刀切一块蜡烛）、烹饪纸、熨斗、吸油纸

1. 将烹饪纸对折后，把喜欢的纸放在上面，涂上蜡。倘若是小粒丸状的蜡，放在纸上就可以了。

2. 用烹饪纸裹着你喜欢的纸，用熨斗熨平。蜡会在 60~70 摄氏度融化，因此温度适中即可。

3. 确认蜡是否均匀扩散。不匀的地方再次添加蜡，用熨斗加热。

4. 将吸油纸放在上面，吸去多余的蜡，并用熨斗加热熨平。

5. 稍微冷却后就大功告成了。注意，做好的蜡纸不要靠近火源和高温处。享受蜡纸的乐趣吧！

15

PalloBox

Kitagawa Seiko

🐦 @pallobox
📷 @pallobox1027
URL pallobox.themedia.jp

经营一家名叫PalloBox的店铺，涉及书籍、文具、手工等相关业务。开设制作橡皮印章、蜡纸、袖珍本等物品的工作坊。被称为"西部手工师"。亲手设计了himekuri（参考第150页）2021年版的"himekuri zoo"。喜欢日本象棋。

迎合少女心：纸艺和文具的手工游戏

在喜欢文具的人当中，有很多人都喜欢动手写写画画，做手工吧？Kitagawa Seiko面向这些群体，从事着与书籍、文具和手工相关的工作。

"橡皮印章制作简单、易上手，因此备受青睐。稍难一点的，有袖珍本和被称为手工信封的窗口信封的制作。"

袖珍本是指手掌大小的迷你书。把小小的纸张装订在一起，用皮革或和纸做的硬壳封面。喜爱印刷品和装订、袖珍物品的人一定会雀跃。收藏者也不例外。

手工信封是指在普通信封上剪个洞，做个独特的窗口。倘若取出便签，窗口的景色就会有所变化。

"作为简单易学的一种手工，我向初学者推荐蜡纸制作。在喜爱的纸上涂蜡加工，作为书皮和原创的包装素材灵活使用。可选择厚度较薄的纸或底色和花色差异明显的纸，这样容易观察到效果。蕾丝花边纸用于包装也很方便。"

蜡纸的简单制作方法请参见左页内容。尝试一下简便又有趣的手工纸艺吧。

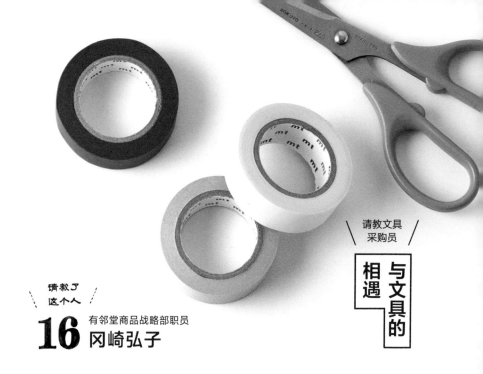

请教了
这个人

16

有邻堂商品战略部职员
冈崎弘子

有邻堂是一家始于明治四十二年（1909 年）的日本老字号连锁书店。文具知识渊博的冈崎弘子是代表有邻堂的文具采购员。

"小时候，我家隔壁就是一间小小的文具店。一放学，我就跑进文具店，在那里看文具。加入有邻堂后，我多年负责销售业务。为了回答店里众多顾客的问题，我逐渐掌握了很多的商品知识。当顾客问我的时候，我可以脱口而出，这让我特别开心。所以从这个角度来说，是顾客锻炼了我。我曾代表有邻堂参加过两次《电视冠军王》节目，在我们公司像我一样知识储备丰富的职员还有很多。"

通过回答『有这个东西吗？』
积累文具知识

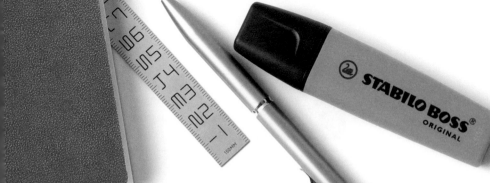

我们向冈崎弘子了解了文具卖场的乐趣。

"卖场里摆放的文具琳琅满目。其中就有商家强烈推荐入手的文具。当下风靡的文具，再加上相关的趣闻逸事，很有意思，因此请一定要去看一看。此外，即便是那些对文具不感兴趣的人，也能在文具活动中发现许多让他们乐在其中的宝物。比如日本超大的文具庆典'文具女子博''纸博''东京国际笔展'等。特别是'文具女子博'，汇集了各大厂商精心开发的最为推荐的文具，颇受大众喜爱。在手纸社（tegamisha）主办的'东京跳蚤市场'上，你会邂逅很多复古的墨水瓶和笔尖等文具，既有历史感又可爱、新潮，我满心期盼它的下次举办。"

这样的文具展会和卖场的魅力就在于"能够亲身体验"。

"比如，试着用玻璃蘸水笔来写写画画，你一定会惊喜地发现它书写起来如此顺滑。我强烈推荐 Ofuna Glass 川口先生的玻璃蘸水笔，它流畅的书写感受真是让人惊叹不已。试写时你会很想拥有它，然后开始着迷于收藏各种墨水……天哪（笑）。所以一定要去逛逛文具卖场，去看看各类文具大型展会活动。"

16
有邻堂商品战略部职员
冈崎弘子

@Yurindo_store
URL www.yurindo.co.jp/

冈崎弘子是已有 110 多年历史的连锁书店有邻堂的文具采购员。曾参加日本东京电视台节目《电视冠军王》之文具王锦标赛，2019 年闯入决赛。冈崎弘子负责选定、展示有邻堂最新店铺 "STORY STORY YOKOHAMA"（2020 年 10 月在横滨港未来开业）的文具、杂货商品。

不便外出的时候，优兔平台的视频账号"只有有邻堂了解的世界"让你和文具相遇。以冈崎弘子为首的职员和原创吉祥物"R. B. bukkorou"之间的互怼逐渐在观众中斩获人气。冈崎弘子的宣传语是"与'文具王'失之交臂的女人"。"以个人用的文具为主，我来给大家介绍推荐款文具。当我拿出某款文具，自己都不禁感叹'啊，太可爱了！'的时候，周围的人反而说'嗯，这是做什么用的？'，可以看出，我们的热情存在差异（笑）。"

实际上这个吉祥物有很多毫无顾忌、有话直说的时候，让人感受到"职员们真的是在介绍他们钟爱的文具世界"这一理念。毋庸置疑，喜爱文具和书籍的人看过之后一定会对它深深着迷。

不断有人沉迷于原创吉祥物 bukkorou 的无情吐槽中

PAPER SIZE

B1

B2

B4

B6

B5

B3

A1

A2

A4

A6

A5

A3

专栏

为了更好地
享受文具的乐趣，
你应了解的
基础知识

尽管不了解文具知识也不会感到特别苦恼，
但如果了解了这些知识，就一定会体验到文
具的更多乐趣。为此，这一部分整理了关于
文具的各种知识，保证你在了解后会好好审
视平时无意识地使用的笔和笔记本。除了文
具的历史和构造，还汇集了关于纸张、装
订、印刷加工等的基础知识。请在文具的陪
伴下开始阅读吧。

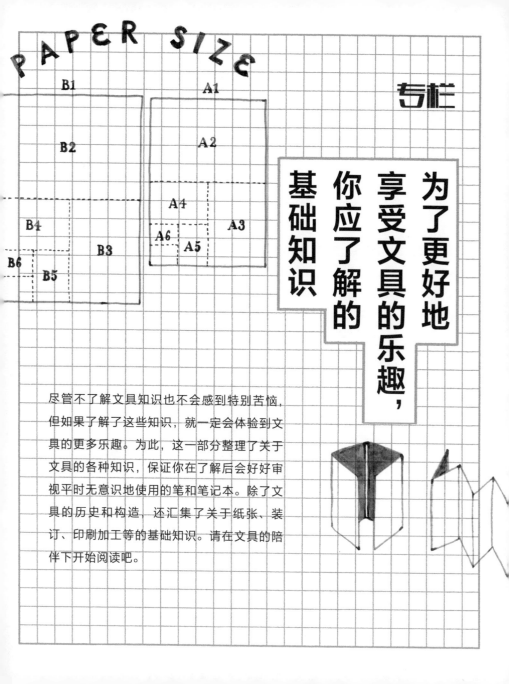

墨水的基础知识①

染料墨水、颜料墨水

用染料或颜料给物品着色

墨水、绘画颜料、衣服、化妆品等带颜色的物品中，使用的是作为色素的染料或颜料。我们大致可以认为，植物色素等水溶性物质是染料的原材料，而矿石和土壤等颗粒粗糙的物质是颜料的原材料。这里以钢笔和玻璃蘸水笔使用的墨水为例，对使用染料和使用颜料制作的墨水进行说明。

钢笔所用的墨水中，绝大部分是染料墨水。染料墨水的特点是着色鲜明，溶于水，方便打理，还有利于钢笔的保养。百乐的"色彩雫"系列、写乐（Sailor）的"墨水工坊"等产品可以让你畅享缤纷色彩的乐趣。

与此相对，颜料墨水的书写特点是字迹鲜明，难以晕开，耐水性强，不易褪色，有利于字迹的长期留存。印刷用的墨水多采用颜料墨水。倘若用在钢笔上，需要仔细判断与钢笔的搭配程度并进行适当的保养。推荐入手的产品有白金（Platinum）的钢笔用碳素墨水、写乐的STORiA墨水和kakimori的混色墨水等。近年来，墨水的颜色种类不断增多。

墨水的基础知识②

油性墨水、水性墨水、中性墨水

了解墨水特性，灵活区分使用三种墨水

　　除了按色素不同分为染料墨水和颜料墨水，墨水还有油性和水性之分。墨水由色素、添加物和溶解色基的溶剂构成。如果用的是有机溶剂，就是油性墨水；如果用的是水溶性溶剂，就是水性墨水。除此之外，圆珠笔还使用中性墨水。让我们了解这三种墨水的特性，根据用途和喜好选择合适的笔，熟练区分使用墨水吧！

　　油性墨水是圆珠笔常用的墨水。它具有速干、不易褪色、难晕开的特点，广泛用于商务场合和记录手账。如果运笔的劲儿较小，希望能流畅书写，那么推荐三菱铅笔的Jetstream；倘若运笔的劲儿较大，喜欢苍劲有力的笔迹，那么推荐斑马的Jim-Knock。

　　水性墨水的特点是书写顺滑，使得运笔轻巧。运笔的劲儿小的人即使快速书写，笔迹也会清晰。具有代表性的产品有三菱铅笔的UNI-BALL AIR和百乐的Vcorn，前者的特点是根据运笔的力道和写法，线条会发生改变；后者的特点是写到最后都不会断墨，书写非常流畅。水性墨水也分染料系列和颜料系列。

　　中性墨水兼具油性墨水和水性墨水的优点，凭借不易晕开、书写流畅的特点，广受追捧。中性墨水也可分为染料系列和颜料系列。代表产品有以着色鲜明和色彩丰富著称的斑马Sarasa Clip、百乐出品的Juice Up和可用笔杆末端的胶粒擦拭字迹的可擦笔。

古典墨水、
新派墨水

请尝试一下新旧墨水

19世纪初，为追求耐光性和耐水性，人们发明了古典墨水。日本的墨水产品中，白金钢笔的"蓝黑墨水"颇有名气，由蓝色染料和特殊成分混合而成。随时间推移，与空气接触后的墨水会发生化学反应，写在纸上的蓝色会逐渐褪去，变成黑色。古典墨水正如其名，可以称为钢笔墨水的起点。

现如今，各大墨水厂商不断推出新色墨水。例如神户的NAGASAWA文具中心的"神户墨水物语"等，与各地文化、名胜古迹相关联的"当地墨水"受到墨水控的追捧。此外，带着闪粉颗粒的墨水让书写变得熠熠生辉，成为新的魅力潮流。比如Jack Elvan出品的Anniversary Ink含有金色、银色的微粒子。根据观察角度和纸张的不同，书写笔迹光彩闪耀，让你充满好心情。另外，还有调和墨水的配套部件，以便打造自己的原创色彩，职业墨水师也可根据顾客的喜好，提供调配墨水的服务等，使用墨水的乐趣在不断增多。

墨水的基础知识④
印章墨水

除此之外，还有印章墨水

在手账和笔记本上随意装饰、点缀时，印章是大家都喜欢使用的高人气物品。印章墨水也有染料（黏度较低）和颜料（黏度较高），以及油性和水性之分。

如果手账的替换内芯纸张较薄，那么推荐使用不容易洇的墨水。水性颜料系列——月猫（Tsukineko）出品的VersaMagic、油性颜料系列——旗牌（Shachihata）推出的Iromoyou都受到市场青睐。是否会出现洇墨的情况，取决于纸张和墨水的搭配程度、颜色、印章的面积大小等因素，因此需要尝试各种组合。

印章不光是盖的时候有趣，盖上印章之后的调整也充满乐趣。倘若印章使用的是油性墨水，那么还可以用水性马克笔和颜料在上面涂涂画画，也不会洇墨，可以尽情创作。月猫出品的油性颜料墨水VersaFine具有速干的特点，因此非常适合上色。此外，印章的浮雕工艺也是乐趣之一。可以将artnic、VersaMark（均由月猫出品）等干得慢的墨水与专用粉末混合，通过加热就可突显出印章图案的立体感。

印章内部自带墨水的渗透印章携带方便。百乐的可擦除印章FriXion Stamp也颇受欢迎。

圆珠笔

书写工具基础款是报纸校对人员的发明

19 世纪初，在美国诞生的首批圆珠笔因漏墨严重，未能流行起来。1943年，作为一位报纸校对人员，匈牙利人拉斯洛·拜罗注意到报纸用的油墨具有干得快，且不易洇墨的特点。他想到把在校对原稿时用到的不易蹭花原稿，黏度较高的墨水应用到新型书写工具（即现在的圆珠笔原型）中。

圆珠笔的墨水内置于笔中，笔尖附有钢珠和出墨的诱导孔。圆珠笔之所以能够用来写字，是因为笔尖处的球珠在滚动时，能够将速干油墨带出来，转写到纸上。圆珠笔的规格 0.5 毫米和 0.7 毫米指的是球珠直径，所画线条的粗细与纸张种类、运笔力道大小、墨水的种类（油性、水性、中性）等因素相关。为了获得顺滑流畅的书写体验，以推出 Jetstream 的三菱铅笔为首的各大厂商都对笔尖进行了精密的加工和各种钻研。

马克笔、毡头笔

在任何材质上都能书写，甚至在太空中也可使用

　　毡头笔、签字笔、马克笔属于同一类笔。它们都是利用纤维型笔头引出墨水来进行书写的文具。此类笔的原理是毛细管现象，可分为中棉式和直液式两种，前者指将墨水储藏于笔内部的中棉里，后者指墨水以液体形式被储藏在笔内部。

　　世界上首支毡头笔诞生于日本。1953 年寺西化学工业发售的毡头芯油性墨水 Magic Ink 开创了历史。它可以在任何材质上进行书写，具有速干的特点，直至现在都备受市场青睐。

　　1963 年派通推出了首支签字笔。它采用聚丙烯制作的笔尖和水性墨水，可写出线条纤细的字，且不会洇墨。作为具有划时代意义的签字笔，它受到美国总统约翰逊的喜爱，美国国家航空航天局的航天员在宇宙飞船中也使用了这款签字笔。

　　世界上最先采用荧光墨水的马克笔是 1971 年德国思笔乐（Schwan-STABILO）推出的 STABILO BOSS。尽管它与毡头笔构造相同，但其特点是使文字鲜明突出，专门用于做记号，笔尖的形状与众不同，更容易画出线条。

书写工具的基础知识③
钢笔式毛笔、
书法钢笔

轻松开启书法和艺术字①练习

目前，日本社会非常流行用一支笔来完成对平假名和拉丁字母进行个性化装饰的"艺术字"、"书法"和"手写字"。传统书法是采用带专用笔尖的蘸水笔来书写，然而在现代，推荐大家使用就连初学者也可以轻松驾驭的钢笔式毛笔和书法钢笔。用它们来装饰卡片、彩纸和手账，更是乐趣无穷。

钢笔式毛笔的笔尖类似毛笔，与之前介绍的毡头笔是同一类。它不仅色系丰富，而且能使运笔力道富于变化，笔尖粗细各有不同，价格还实惠。一支斑马品牌的MILDLINER Brush（参考第102页）集钢笔式毛笔和纤细钢笔于一身。倘若喜欢纤细钢笔笔尖的话，推荐购买百乐的Fude Makase和派通的Fude Touch签字笔。

如果想要正规书写，推荐购买笔尖为金属材质的书法笔。与钢笔相同，根据墨汁储藏的方式，书法笔可分为卡式上墨和转换器上墨。如果想用喜爱的墨水来书写，那么推荐入手有着各种笔尖的红环（rOtring）艺术笔系列。加上另售的转换上墨器和你喜爱的瓶装墨水，就可以畅享设计原创文字的乐趣啦！

---

① 原文"ゆる文字"，指一种设计性极强的书法文字。——编者注

書写工具的基础知识④
钢笔

在墨水的世界里嬉戏，书写乐趣无穷大

钢笔有 140 多年的历史。贮水钢笔诞生于 19 世纪初，19 世纪 80 年代，美国人路易斯·爱德森·华特曼设计出了新型钢笔，它与现代钢笔在结构上基本一致。

与毡头笔相同，钢笔也是基于毛细管原理供给墨水。墨水从触碰纸张纤维的笔尖流出，实现书写功能。为了使墨水涌出，需要借助空气的作用。因此笔尖内部刻有沟槽，这使得在书写中等量的空气进入钢笔内部，以补充墨水流出后的空间。钢笔构造复杂，现在仍在不断改进。

从上墨方式来看，钢笔可分成三种，即挤压式上墨、方便补充墨水的卡式上墨和转换器上墨，对于想使用各种墨水的人群来说，后者广受好评。从大名鼎鼎的派克和百利金的钢笔到白金钢笔的 Preppy、百乐的 kakuno（参考第 106 页）等休闲风钢笔，设计款式各异，笔杆材质也各具特色。笔尖的材质分为黄金合金和其他金属，笔尖的粗细又分为 EF（极细）、F（细）、MF（中细）、M（中）、B（粗）等。

書写工具的基础知识⑤

玻璃蘸水笔、
蘸水笔

倘若要一一尝试收藏的墨水，蘸水笔就是不二选择

　　最适合用彩色墨水和闪粉墨水的书写工具就是玻璃蘸水笔和（金属）蘸水笔了。直接用笔尖蘸取墨水即可书写。只要用水清洗笔尖，就可以不断更换墨水颜色，所以它也适合搭配颜料墨水和古典墨水。

　　玻璃蘸水笔是日本明治时代由风铃工匠发明的。玻璃质地的笔尖带有沟槽，通过毛细管作用将墨水吸至沟槽。笔杆用精致且唯美的玻璃制成，还有休闲风的木制笔杆。第 182 页介绍了玻璃蘸水笔的制作工艺，请您欣赏。

　　蘸水笔由金属制成，形状各异，常用于英文笔记和钢笔画中。很多蘸水笔的笔尖和笔杆风格迥异，除了日本本土制造，还有其他国家生产的艺术字蘸水笔（参考第 70 页）。

　　就笔尖而言，G 笔是主要的蘸水笔之一，由于能画出粗细不同的线条，因此常用于漫画勾线。谈到漫画家，想必各位的脑海中都会浮现手拿 G 笔的漫画家形象吧。此外，还有比 G 笔线条更纤细的蘸水笔。虽然也常用于绘制漫画，但它原本是用来画地图上的等高线的。让我们一起来探寻适合你的笔尖，画出你喜爱的线条吧。

铅笔、
自动铅笔

这两种我们用惯了的笔，其实笔芯稍有区别

　　铅笔的笔芯是由石墨和黏土烧制而成的。黏土越多，铅笔的笔芯就越硬。在日本，以普通铅笔标号H、B为基准，从9H到6B的标号分别对应日本工业规格（JIS）。B和H分别是黑度（black）、硬度（hard）的英文大写首字母。除此之外的基准均由各公司自主规定，例如日本三菱铅笔的铅芯标号从10H到10B，德国品牌施德楼（STAEDTLER）的铅芯标号为10H~12B。现在日本小学生经常使用的铅笔的标号是B和2B。

　　1960年，派通成功开发了由石墨和合成树脂制成的笔芯。这与极细芯的按压式自动铅笔的发售密切相关。与铅笔相比，自动铅笔笔芯的特点是不易折断，能够轻松、准确地写文字。

←B=Black------H=Hard→

6B 5B 4B 3B 2B B HB F H 2H 3H 4H 5H 6H 7H 8H 9H

彩色铅笔

广泛用于插画和涂色，色系丰富的彩色铅笔

彩色铅笔可爱又充满乐趣。其笔芯是由颜料（一部分是染料）混合蜡和滑石粉（矿物）黏合干燥而成的。由于不是烧制而成的，因此彩色铅笔的笔芯比铅笔要软。与铅笔不同，彩色铅笔的笔迹一般不能用橡皮擦干净。

彩色铅笔分为不溶性彩色铅笔和水溶性彩色铅笔，一般市面上常见的是不溶性彩色铅笔。它的特点是笔触顺滑，即使色彩叠加也能保持颜色鲜明。除了芬理希梦（Felissimo）出品的"500色彩色铅笔TOKYO SEEDS"（参考第103页）等日本国产彩色铅笔，其他国家的产品也是色彩丰富。

水溶性彩色铅笔（水彩色铅笔）的笔芯中含有易溶于水的成分。直接使用就只是彩色铅笔，如果画完后用蘸水的毛笔描摹，就会变得如水彩画一般，色彩晕染开来，显示出浓淡渐变。代表产品有三菱铅笔的UNI WATER COLOR等。

樱花（SAKURA）公司出品的COUPY-PENCIL（COUPY全芯彩色铅笔）没有木制笔轴，整支笔都是笔芯，且不易折断。与其他彩色铅笔不同，它的特点是可用橡皮擦除，原因在于合成树脂的原料难以将色彩涂进纸张凹凸不平的地方。用于儿童绘画的画笔，如今在成人的涂色画中也颇受欢迎。在记手账、查字典、学习中用来做标记的COUPY Marker（COUPY记号笔）也受到了成年女性的关注。

书写工具的基础知识⑧
绘画颜料

绘画颜料"三姐妹"：黏合剂决定性质

绘画颜料由作为色素的颜料和固定色彩的成分组成。了解具有代表性的三种颜料的差异，巧妙区分并使用它们吧。

首先是油画颜料。油画颜料以植物油作为调和的媒介。绘画时，将颜料粉与调和油混合均匀，调节好黏度和坚韧度。荷尔拜因（Holbein）和透纳（Turner）的油画颜料鼎鼎有名。油画颜料强烈的笔触感和厚度层次的表现力构成了油画独特的魅力。油经氧化后，颜料才会成形，因此油画作品的干燥需要一定的时间。

其次是水彩颜料。水彩颜料是用阿拉伯树胶等黏合剂作为调和的媒介。除了管装水彩颜料，还有固体水彩颜料。日本派通、樱花以及其他国家品牌的水彩产品都很有人气。透明水彩叠涂时，可展现色彩变化之丰富。大受欢迎的不透明水彩（水粉）颜料，色彩饱满鲜润，适合绘制表现力强的作品。此外，还有兼具两者优点的半透明水彩颜料。

最后是丙烯颜料。丙烯颜料一般使用丙烯树脂作为调和的媒介。其最大特点是可画在布料、石头等纸张之外的材质上。另外，丙烯颜料具有丰富的表现力，可以画出透明水彩和油彩的效果，而且溶于水，具有速干的特点，干燥后就具有防水性。丽唯特（Liquitex）推出的Prime颜料等很有名气。

和纸和西洋纸

源自中国但在日本独立发展的和纸

　　纸的起源可以追溯到 2000 多年前。公元前，中国人发明了纸。公元 5~6 世纪，随着以佛教为主的文化和技术交流日渐兴盛，纸传入了日本。日本奈良时代制作的《百万塔陀罗尼经》是世界上现存的最为古老的印刷品之一。

　　由日本独特的文化孕育而生的纸张被称为和纸。和纸的原料主要为楮树、三桠、雁皮树。它们的纤维很长且强韧有力，造出的纸轻薄结实。

　　与中国一样，在日本，人们寻找适合毛笔和墨汁的纸张，因此美观、运笔舒适的和纸诞生了，并不断向前发展。

产量稳定、大批生产的西洋纸

中国发明的造纸术传到西方，不断衍变的产物就是西洋纸。中国人在公元前就发明了造纸术，之后传到欧洲并推广开来。15 世纪，在德国诞生了金属活字印刷技术。西方国家为了大量生产高品质且产量稳定的纸张，不断革新技术。造纸原料除了纸浆（以针叶树和阔叶树的树干为原料），还根据用途使用了各种各样的化学试剂。纸浆纤维短小纤细，一根树干就可以生产出大量的原料，因此非常适合量产纸浆。

进入明治时代后，日本开始引进西方机械来建造造纸厂，从而开启了西洋纸在日本的生产历史。通过机械抄纸的西洋纸能够做到大量生产且价格低廉。明治时代的日本创办了许多报纸和杂志，对纸张的需求不断高涨，然而和纸产量小，无法满足需求，因此造纸的主流转变为西洋纸。

一般来说，在现代日本，纸是指机械化大量生产的西洋纸，而和纸是指用手工抄纸的方式制成的具有日本文化特色的纸张。本书中提到的"纸"指的是西洋纸。

[参考资料：竹尾（TAKEO）官网文章《纸的基础知识：纸的历史》]

纸张的基础知识②

纸的特性和种类

应该了解的纸纹知识

纸是让纸浆按照一定方向分布制成的，因此纸浆纤维的行进方向就形成了纹路。这种纹路被称为纸纹。若纤维的纹路与长边平行，则称为"直纹纸"（或长纹纸），若纤维的纹路与短边平行，则称为横纹纸（或短纹纸）。纤维纹路对折纸、卷纸来说十分重要。

折纸时，折痕与纸纹方向平行时就省力美观。例如餐巾纸沿着纸纹方向撕开，撕痕就比较平直。沿着纸纹方向对纸进行折叠加工称为"顺纹"，垂直于纸纹方向称为"逆纹"。

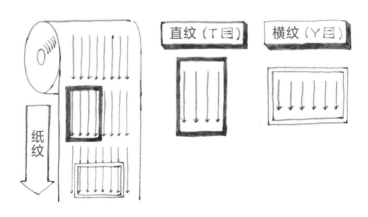

决定印刷质量、书写感受的
铜版纸和非铜版纸

　　铜版纸是指在原纸表面涂一层涂料的光滑纸面，主要用于印刷品。与没有对纸张表面进行加工的纸相比，铜版纸光泽度好，容易吸墨着墨，适合印制高级印刷品。既有对铜版纸单面进行涂料的情况，也有双面都涂的情况，印刷品中一般使用双面铜版纸。铜版纸的种类可分为美术纸、微涂铜版纸等。

　　非铜版纸是指原纸表面没有涂料的纸张。中高品质的纸张都属于非铜版纸。除了多用于文具、办公用品等，还用作书籍、复印用纸等。手账和记事本中使用较多的就是非铜版纸中的高品质纸张。其特点是用圆珠笔、自动铅笔等各式书写文具都易于书写。然而，容易洇墨也是它的缺点。

　　在用于记录笔记的手账用纸中，有的手账纸张具有轻薄不易透、结实的特点。代表产品有Hobonichi使用的巴川纸TomoeRiver。手账厂商也会为了追求良好的书写体验而开发原创用纸。

　　有的铜版纸虽然适合印刷，但书写工具很难在上面书写。只要了解纸张的特性与书写工具的搭配程度，在挑选文具时就可以得心应手了。

纸张的基础知识 ③
装饰纸与
特殊用纸

色彩丰富、质感不同的装饰纸

　　装饰纸是指通过纸张的色彩、花纹、触感等激发人类感受的高级彩色纸，用于出版、纸制品等各种领域。其中用于书籍环衬页等的装饰纸拥有丰富的色彩系列，质感柔软，质地独特。具有代表性的有TANT、LEATHAC、MERMAID以及拥有灰色浓淡度系列的TONE-F等。

　　在名片、杯垫等小型印刷品中，棉浆比例较高的纸张越来越受欢迎。其特点是质感自然，在活字印刷制作中，印刷时的压力可以使得印制面呈现凹凸效果。

玻璃纸、千代纸等特殊用纸面面观

　　适合用于包装的薄纸种类五花八门，既有印制了鲜明图案的纸张，也有像牛皮纸那样质地自然的纸张。

　　中式包子底部垫的薄纸被称为玻璃纸，具有耐水、耐油的性质，质感光滑。添加日本传统纹饰、花纹的纸，特别是用和纸制成的纸被称为千代纸。日本江户时代，浮世绘版画使用多色印刷技术，创作了大量别出心裁的作品。此外还有无纺纸等功能特殊的纸张。这样的纸张被称为功能纸，用途广泛。

纸张的厚度、重量、尺寸

纸张厚度用原纸厚度来表示

在日本，纸张的重量和厚度通常用"连量"的数值来表示，即 1000 张原纸（1 连）的重量以千克为单位，同种品牌的纸张，连量越大，厚度就越厚。

标示采用纸张尺寸加上以千克为单位的方式，例如"四六判 110 千克"。复印纸等办公用纸用"坪量"这一单位来表示，即每平方米纸张的重量，单位用克来表示。

和以往的纸张相比，重量轻但有厚度的纸张被称为"嵩高纸"，近年来颇受市场青睐。

国际规格的 A 系列和日本独特的 B 系列

纸张尺寸分为 A 系列和 B 系列。很多文具都采用此规格来生产制作，在日本，以 B1（728 毫米 ×1030 毫米）和 A1（594 毫米 ×841 毫米）为主。无论是 A 系列还是 B 系列，数字每增加 1，纸张幅面就减少为原来的二分之一。同一数字的 A 系列、B 系列的面积比为 1∶1.5，B 系列尺寸要更大些。A 系列为国际标准，B 系列是由日本工业规格规定的日本独特的标准。商业场景中使用的文件夹和活页夹等多为 A4 尺寸就是源于此。

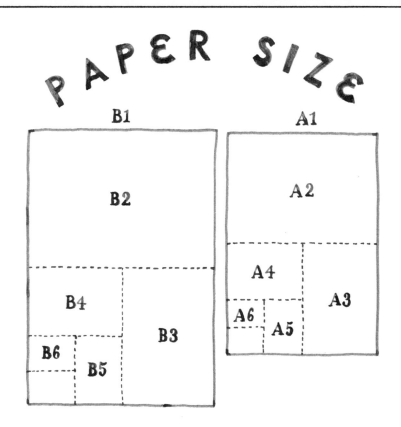

什么是原纸?

根据日本工业规格的尺寸，裁剪前的纸张被称为原纸。主要的原纸尺寸有A列本判、B列本判、四六判、菊判、PATRON判。根据用途选择合适的纸张，可避免浪费。

原纸的规格尺寸

A列本判	625 毫米 × 880 毫米
B列本判	765 毫米 × 1085 毫米
四六判	788 毫米 × 1091 毫米
菊判	636 毫米 × 939 毫米
PATRON 判	900 毫米 × 1200 毫米

印刷的基础知识

印刷工艺的种类

具有代表性的印刷版式和特征

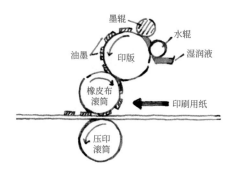

平版印刷（胶版印刷）

使用平版，利用油水不相溶原理来完成印刷。现在主流的胶版印刷就属于平版印刷。可以做到大量印刷，价格低廉。古时采用石版，现在使用被称为 PS 版的铝板。

凸版印刷

将油墨涂在凸版上进行的印刷方式。可以把它想象成印章。受欢迎的活字印刷也是凸版印刷的一种，其特点是文字和图案鲜明突出。

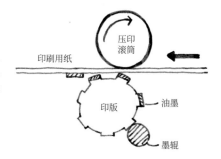

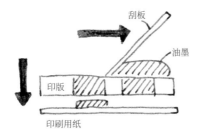

孔版印刷

丝网印刷是典型的孔版印刷。通过网眼施墨，让墨料漏印到承印物上，从而形成印刷图形。想象一下誊写版和家用简易孔版印刷器。多用于印刷T恤、圆珠笔等立体物品。

凹版印刷

将压版凹下去的部分涂上油墨的印刷方式。用于雕刻凹版和照相凹版印刷。印刷出的图案精密清晰，因此也用于印制纸钞。

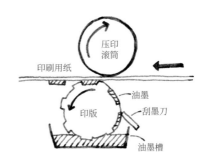

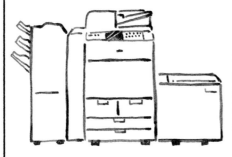

无版印刷

采用数字印刷机，将油墨和碳粉喷射到纸张上的印刷方法。印刷一页文本起步，因此无版印刷也被称为"按需印刷"。大量印刷时，还是平版印刷价格实惠，可根据情况区分使用。

烫金的原理

除了金箔、银箔，还有彩色箔和金属箔

　　特殊印刷中的工艺五花八门。例如手账封面等上面闪着金银光彩的文字，就是烫金。方法是将金银箔卷成卷儿，装在印刷机里，通过加热加压把金银箔贴到纸张或布料等材质上。烫金版被称为金版（贴金箔的凸版），使用黄铜、铜、锌等金属加工而成。想要烫金的地方要呈凸状，高于其他部分。

　　如果不使用箔，仅仅加压金版，就会使纸张和布料下凹，这被称为素压花。另外，还有凸显图案部分的浮雕花纹技法。观察一下手头的笔记本和手账，看一看它们都采用了哪些工艺。

加工的基础知识②

折纸加工的种类

折纸加工

一张印好的纸张折叠后，可用于制作各种各样的印刷品。例如将集换卡对折两次后，就变成了 4 个卡片页；继续折叠，就成了手风琴的风箱状，可左右对开。也可使用机械进行折叠加工。

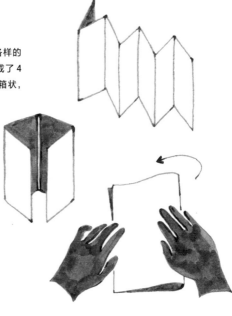

纸箱加工

箱子装订是指在制作纸箱的过程中，把按照展开图剪裁的纸板组合在一起，用胶水或装订机将其订合在一起。装订纸箱时，用大型订书机将纸板的角固定起来。这种订书针比市面上的订书针要粗且结实。贴盒是指在纸板上贴上西洋纸或和纸，装饰而成的高品位化妆盒。

装订的基础知识①

装订的种类

无线装订

装订工艺五花八门，大致来说，可分为无线装订和有线装订。无线装订是指用胶水和黏合剂将折好的书帖的书脊粘在一起。AJIRO装订是无线装订的一种，书脊处按一定间隔切开缝隙，涂上胶水，以固定书页。

有线装订

有线装订是指用订书针或线固定书页的装订方式。骑马订是指在书脊处用订书针订牢书页的装订方式，常见于流行杂志和周刊杂志。线装里还有缝纫线装订、普通线装订等方式。

裸脊装订是指可以看到线装书脊的装帧方式。它的特点是书页易于翻开，常用于笔记本等的装订。

和式装订

日本独有的和式装订是指在书的右侧用线来固定书页的传统装订方式。第117页展示的就是国宝堂出品的正方形笔记本，是匠人一本一本手工线装的笔记本。和式装订中，还有可欣赏精美吉祥纹饰的麻叶装订、龟甲装订等。很多御朱印账（指参拜神社或寺院时，神社或寺院方面的人员盖上参拜印章的手账或纸张）采用和式装订。

装订的基础知识②

记事本、笔记本、手账的装订

线圈装订、胶订，还有古抄本装订

　　记事本采用线圈或线装订，易于翻页，使用方便。用线圈装订的笔记本中，Rollbahn的产品（参考第114页）广受欢迎。另外，胶订也是标准的装订方式，指在书脊处采用刷胶固定的方式，因此可以方便地撕下某一页。

　　笔记本和手账的装订方式也是多种多样。最具代表性的就是可以替换和取出内芯的活页夹。活页手账采用的就是该形式，使用者可以将自己喜爱的内芯组合使用。

　　NOMBRE NOTE "N"（参考第114页）的封面使用了德式装订，内芯采用裸脊装订。所谓德式装订是指封面和封底分别用厚纸板贴合而成的装订方式。这个笔记本可以替换封面和封底的颜色，实现双配色。可谓是巧妙利用德式装订的佳作。裸脊装订是指可以看到线订书脊的装订方式，其特点是易于翻开。即使不用手压，也能完全打开，便于书写。

绘本和御朱印账中使用的合纸装订

合纸装订是指仅在纸张表面进行印刷，然后表面向内对折，并把没有印刷的页面粘在一起的装订方式。从封面到内芯，再到底面都用胶水贴合在一起。这样装订的书结实不易破，是绘本制作时不可缺少的装订方式。同时，页面可做成 180 度开合，用于想充分展示照片的毕业相册和普通相册中。

有的御朱印账采用和式装订，有的像手风琴那样全部页面连在一起。后者的装订方式与合纸装订类似。

文具保养的基础知识①

钢笔和墨水

按照厂商推荐的方法用水清洗钢笔

为了让文具用得更久，也用得更加舒适，日常的保养非常重要。让我们一起了解各种文具的基础保养知识吧。日常爱惜使用，你与文具之间的感情就越发浓厚，维修保养也应成为享受文具生活的一部分。

首先是钢笔。为了防止墨水堵塞钢笔，最好的保养就是每天使用。同时，根据厂商推荐的时间节点，定期清洗钢笔。此外，出墨不流畅、很长时间不使用、最近不使用、更换墨水的种类和颜色时，都可以对钢笔进行清洗。当笔尖有墨水残留，使用不同颜色和种类的墨水时，就会出现墨水堵塞或其他问题。清洗钢笔时，需要准备一个盛水的容器。

正如第 71 页所述，钢笔的上墨方式可分为挤压式上墨、卡式上墨、转换器上墨 3 种类型。每种类型的清洗方式有微小差异，因此请参考下一页内容。另外，请根据厂商提供的信息，采用适合的方法来清洗钢笔。有的部件不能沾水。请注意一点，如果使用非配套墨水，有可能不在保修范围之内。

墨水的保管和使用期限

搭配钢笔使用的瓶装墨水需要拧紧瓶盖，放在室内气温较低且没有阳光直射的地方（冰箱除外）。建议瓶装墨水和卡式墨水在开瓶后三年内使用完毕。可以把生产日期、开瓶日期记录下来。如果使用过期变质的墨水，钢笔就有可能出现问题。

吸入式、带转换器的钢笔

旋转钢笔尾部的墨囊，挤干净里面的墨汁，先用流水清洗笔尖，再浸入水中清洗。旋转墨囊，吸水排水，反复多次。与吸入式钢笔一样，带转换器的钢笔墨囊吸水挤水，反复多次。直至水变干净，再用软布、纸巾擦拭笔尖，让其彻底干燥。

卡式钢笔

拔掉卡式墨水管，用流水清洗带笔尖的部分，浸在水里。不断换水，直至水没有任何颜色。洗干净后，用软布、纸巾擦拭笔尖，让其彻底干燥。

蘸水笔、印章、画笔

玻璃蘸水笔

玻璃蘸水笔的保养比钢笔有意思。在使用完毕、想改变墨水的颜色和种类时，把笔尖放在盛水的容器中，清洗干净，用软布、纸巾擦拭干净即可。然而需要注意的是，如果笔尖碰到硬物，就会有折断的风险，因此最好不要用玻璃和陶器材质的容器盛水，可使用塑料容器。如果使用闪粉墨水，而且残留在笔尖沟槽里，请用牙刷清洗干净。

金属制蘸水笔

使用后用水冲洗笔尖，用软布和纸巾擦拭干净。为防止生锈，一定要完全干燥。同时，因为笔尖是消耗品，如果在书写中出现油墨断断续续、笔尖刮纸的现象时，请更换新笔尖。

橡皮印章、亚克力印章

使用后，立即用纸巾擦拭印章表面多余的油墨，用湿纸巾擦去油墨，使其干燥。当污迹较难去除时，请使用厂商推荐的专用除垢剂和专用清洁垫。

画笔的保养

根据所使用的颜料不同，纤细的画笔的保养手法也有所差异。使用后立即进行适当的保养，让其彻底干燥。可以使用厂商推荐洗笔的肥皂、固体颜料专用的清洁剂、整理笔毛的梳子等。

使用亚克力颜料时

画笔使用具有速干特性的亚克力颜料后，需要在其凝固之前清洗干净。可以放在洗笔器里，但不要长时间放置。使用后，先用布或纸擦干净笔尖的颜料，再在冷水中或温水中涮洗。最后用布擦干水，整理笔尖后让其彻底干燥。

使用油画颜料时

用布或纸擦干净笔尖的颜料，用油画颜料笔专用的清洗剂涮洗。擦除清洗剂后，放在温水中用肥皂清洗，并用布擦除水分，整理后让其干燥。

使用水彩颜料时

用布或纸擦干净笔尖的颜料，在冷水中或温水中涮洗，并用布擦除水分，整理笔尖后让其干燥。

挑选手账的基础知识

手账的种类

手账的繁多种类和名称

　　想要挑选一本手账，却发现手账的样式繁多，不知选哪一本为好。左右为难也许是因为不了解手账的种类。貌似知道，却又不清楚，那么让我们一起来了解一下手账的种类吧。

周计划手账

打开手账页面，是一周 7 天的分栏。周计划手账的种类也是五花八门。

纵轴周计划手账是指从左到右印着日期，从上到下印着时间轴的手账。适合需要细致地管理每一天的日程的人。

如果不想严格按照日期填写，想随性发挥的话，推荐购买 Weekly Left。左侧页面是一周日期，右侧页面是笔记栏。

此外，还有 Weekly Block 系列和用横线区分日期的横轴周计划手账等不同类型。无论哪一种，都适合在每一天的空间里写上简单的日记和生活日志。

无日期手账

最近没有印刷日期的手账越来越多。日期部分为空，使用时需要自行填写。它的好处在于可以随意从某一天开始记录，即使有的日子没有写，手账里也不会出现空白，自由度较高。近年来，把普通记事本当作手账的"Journal 手账"颇受欢迎，越来越多的人直接选择记事本作为自己的手账。

日计划手账（一日一页）

如果每一天都有很多内容要书写、记录，可选择一日一页手账。Hobonichi、EDiT 手账等都以此为主打产品。适合每天工作笔记较多、要把想法写下来或者喜欢用插画、贴纸等装饰一番的人。然而，日计划手账虽然拥有较高的自由度，但如果某一天没有记录，使用者就容易产生愧疚感。另外，它比较沉，与其搬来搬去，不如放在固定的地方安心写。

月计划手账

月计划手账的内页印着一整个月的日期。可以浏览整个月的计划，因此很多手账都保留着月计划的页面。它的优点是页码少、重量轻，很适合喜欢轻便手账或者没有过多内容要写的人。月计划手账种类繁多，在五元店等店铺就可以买到封面可爱的。

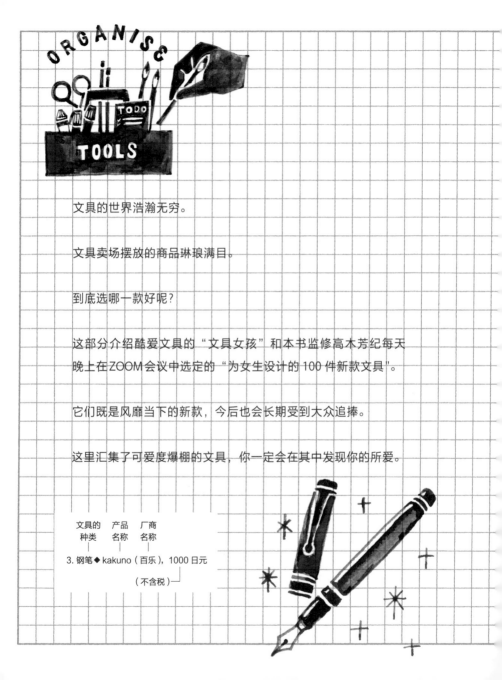

文具的世界浩瀚无穷。

文具卖场摆放的商品琳琅满目。

到底选哪一款好呢?

这部分介绍酷爱文具的"文具女孩"和本书监修高木芳纪每天晚上在ZOOM会议中选定的"为女生设计的100件新款文具"。

它们既是风靡当下的新款,今后也会长期受到大众追捧。

这里汇集了可爱度爆棚的文具,你一定会在其中发现你的所爱。

文具的 种类	产品 名称	厂商 名称

3. 钢笔◆kakuno(百乐),1000日元

　　　　　　　(不含税)

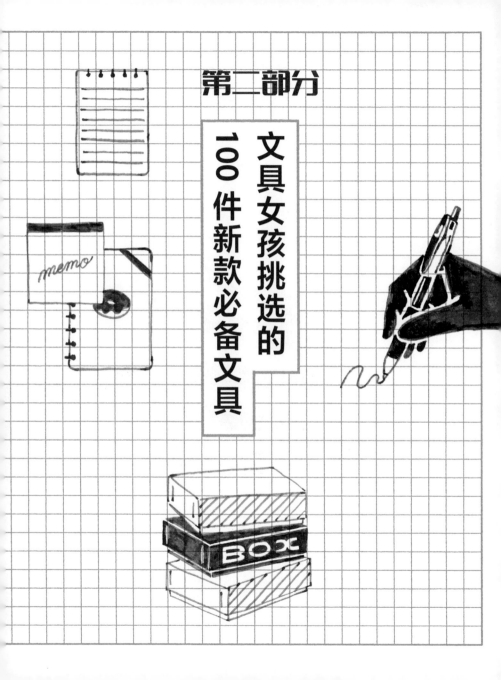

第二部分

文具女孩挑选的 100 件新款必备文具

写字笔 WRITE

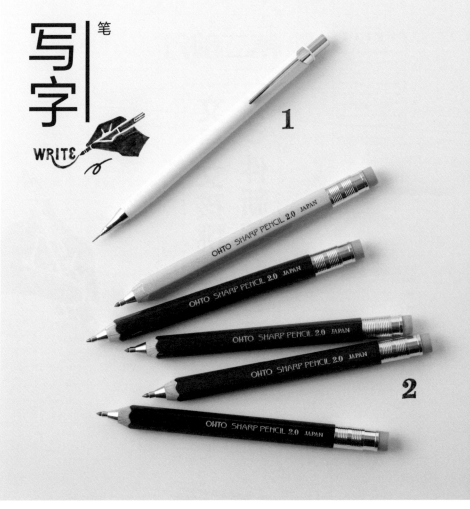

1

2

1. 自动铅笔 ◆ ORENZ（派通），
450 日元（铅芯 0.5 毫米）
克服了自动铅笔铅芯易断的缺点，
达到"不出芯就可以写"，开创自
动铅笔的新经典。按压一次就可
以持久书写也是其一大特点。

2. 自动铅笔 ◆ 木轴自动铅笔 2.0
（OHTO），均为 680 日元
铅笔式粗笔杆和顶端的橡皮擦具
有复古感。铅芯为 2 毫米，即便
用力也能画，适合用于需要线条
强弱变化的素描。

3. 中性笔 ◆ UNI-BALL ONE（三菱
铅笔），均为 120 日元
采用三菱铅笔独立研发的中性墨
水，黑色出墨浓郁。笔芯分为
0.38 毫米和 0.5 毫米，还有彩色墨
水款。

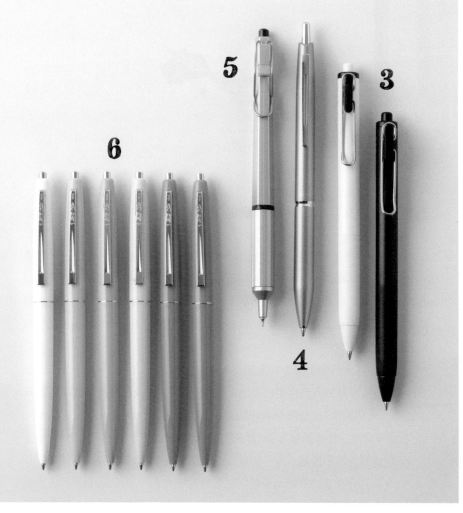

6

5

3

4

4. 油性圆珠笔 ◆ ACRO 1000 (百
乐)，1000 日元
采用低黏度油性 ACRO 墨水，书写
流畅，出墨不间断。笔芯为 0.5
毫米和 0.7 毫米。金属笔杆色彩
绚丽。

5. 油性圆珠笔 ◆ Jetstream EDGE
(三菱铅笔)，1000 日元
笔芯分为 0.28 毫米和极细。采用
低黏度油性 Jetstream 墨水，笔触
细且浓。适合想好好书写的人群。

6. 油性圆珠笔 ◆ CLICGOLD(BIC)，
均为 180 日元
显高级的金色笔夹和笔圈带有复
古韵味。这款诞生于法国的按压
式圆珠笔，价格实惠，色彩丰富。

首屈一指的高品质日本笔厂商的技术精华

文具的中流砥柱是书写文字的笔。可以说，它是文具界的"大腕"。尽管很多人觉得已不像学生时代那样频繁用笔，却依然发现到处都是书写极为流畅的笔。笔具有广阔的市场空间，各类笔的厂商也倾尽全力从事研发，因此每年都有热门产品上市。去文具店的时候，一定要去看看收银台前等醒目地摆放的新上市产品。

笔杆小巧、书写柔滑是女性使用者共同的心声。请一定试用一下 0.2 毫米、0.3 毫米等极细自动铅笔的王道产品ORENZ，以及书写流畅的油性圆珠笔先驱三菱铅笔的Jetstream极细版及 0.28 毫米的Jetstream EDGE。另外，对书写清晰、出墨浓郁等基础性能有着极致追求的UNI-BALL ONE也是备受期待的超新星。对于想要通过一支外表美丽的笔提升好心情的人，我推荐在室内商店、杂货店里选购人气产品"CLICGOLD"。日本制造的商品中，笔杆优雅的ACRO 1000、笔杆胖乎乎的木轴自动铅笔 2.0 也是不错的选择。

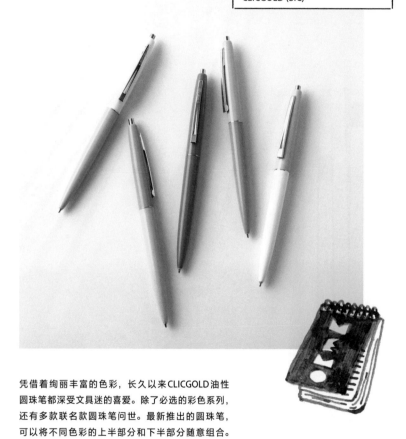

凭借着绚丽丰富的色彩，长久以来CLICGOLD油性
圆珠笔都深受文具迷的喜爱。除了必选的彩色系列，
还有多款联名款圆珠笔问世。最新推出的圆珠笔，
可以将不同色彩的上半部分和下半部分随意组合。
非常适合在社交网站上闪亮登场。

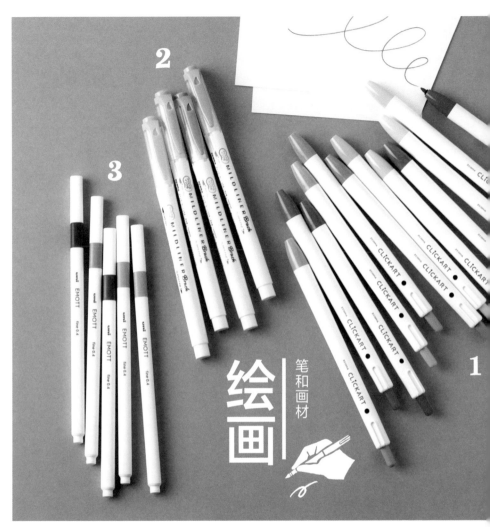

绘画 | 笔和画材

1. 签字笔 ◆ CLiCKART（斑马），均为 100 日元
此款按压式水性彩笔采用独家油墨技术，即便没有笔帽，油墨也不会干燥。即使是经常丢笔帽的人，也可以随时安心书写。

2. 彩笔 ◆ MILDLINER Brush(斑马），均为 150 日元
特点在于笔杆优雅，色彩搭配沉稳。这一型号属于钢笔式毛笔，可展现色彩的缤纷。

3. 绘画制图笔 ◆ EMOTT（三菱铅笔），均为 200 日元
0.4 毫米的细芯，可防水。此外还有根据自然色（nature color）、复古色（vintage color）等主题推出的彩色系列 5 支装。

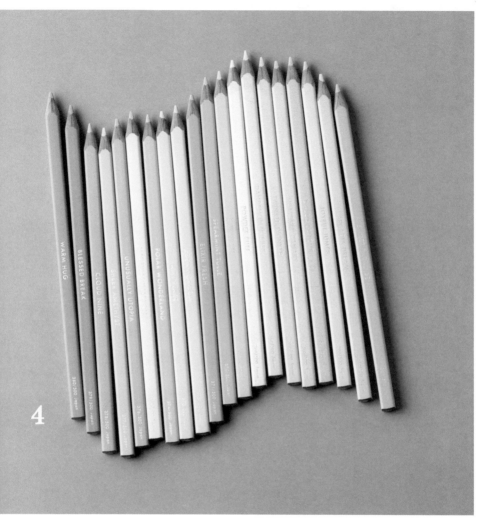

4

4. 彩色铅笔 ◆ 500色彩色铅笔 TOKYO
SEEDS（芬理希梦），2600日元（20支装）
一组20色，共25个主题，合计500色
的美丽彩色铅笔。你会被它柔滑流畅的书
写感受和细腻美丽的着色深深吸引。

用丰富的色彩和各式笔尖来装扮记事本

　　要装饰在社交网站上出镜的记事本，不可或缺的就是彩笔。基于顾客对色彩的狂热需求，笔商每年推出的色彩数量都在不断增加。为了满足顾客在描绘线条之外，对画插画、写艺术字等多种用途的需求，研发易于绘画的笔尖就成了众多厂商永不停歇的竞争。日本制造的画笔凭借细腻流畅的书写体验和良好的基础性能，深受全世界文具迷的推崇，只要在照片墙等社交平台上看一看与插画一同出镜的书写文具，就了然于心了。

　　无论是多种颜色组合在一起的EMOTT，还是手写感一流的按压式水性彩笔CLiCKART，都是典雅的白色笔杆，笔自身就具有上镜的魅力。打破"马克笔＝荧光笔"这一概念的钢笔式毛笔MILDLINER Brush是书写日文和英文时游刃有余的佳品。此外，以庞大的色彩系列令大众着迷的500色彩色铅笔TOKYO SEEDS远远超越了画材本身，它开创了集收集、装饰、欣赏于一体的治愈心灵的世界。彩笔的世界越发开阔。

线条粗细自由、色彩柔和的毛笔风水性马克笔

MILDLINER Brush（斑马）

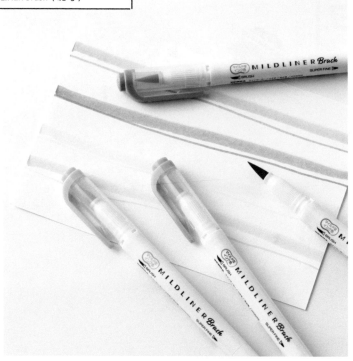

凭借着以往马克笔所没有的淡雅柔和的色彩，MILDLINER
Brush深受大众喜爱。可用于在手账、笔记本上标注。这
一系列拥有毛笔式的笔尖。根据握笔用力大小，既可以
画细线，也可以画粗线，尾部还有细字专用笔头。手写
艺术字时推荐入手一支。

书写

钢笔和玻璃蘸水笔

WRITE

2

1

3

Have Fun!

4

1. 记事本 ◆ COSMO NOTE（山本纸业），1600 日元
山本纸业的"COSMO AIR LIGHT"系列，是钢笔粉丝心目中"书写起来让人愉悦的纸"。可让人感受墨水的浓淡和光泽。图上是 A5 尺寸。

2. 笔 ◆ 空笔 KARAPPO PEN 细芯/细毛笔芯（吴竹），200 日元（细芯）/230 日元（细毛笔芯）
顾名思义，这是一支空笔，笔内不含墨水。可以吸入自己喜欢的墨水，然后享受书写的乐趣。

3. 钢笔 ◆ kakuno（百乐），1000 日元
这是一款可以轻松体会钢笔的用法和书写感受的入门款钢笔。笔杆易握，笔尖处刻有笑脸标志。推荐作为给孩子的第一支钢笔。

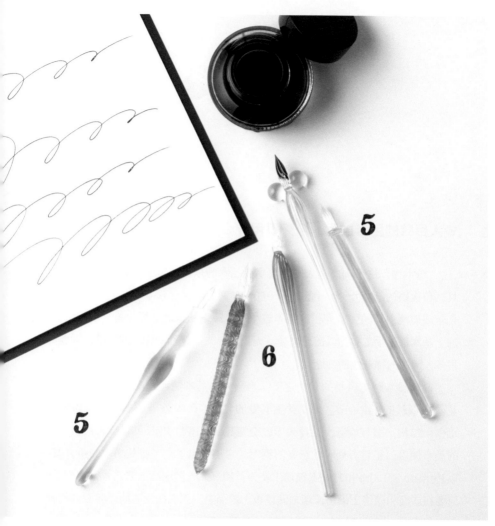

4. 钢笔 ◆ PROCYON（白金钢笔），5000 日元

以星光璀璨的一等星南河三为创意而命名的钢笔。笔杆的哑光光泽迷人，颜色不花哨，全 5 色装。适合成年女性。

5. 玻璃蘸水笔 ◆ Kemmy's Labo 玻璃蘸水笔（Kemmy's Labo），4200 日元（粗笔杆）/3400 日元（细笔杆，柠檬黄）

每一支都是手工制作的精美玻璃蘸水笔。请享受出色顺滑的书写感受。

6. 玻璃蘸水笔 ◆ 流水 SHORT · 彗星（HASE 玻璃工坊），均为 10000 日元

适合女性手掌大小的流水 SHORT 玻璃蘸水笔，造型素雅，呈现动人的流线型。笔的制作过程请参见第 182 页。

令人目眩的色彩世界：今天要用什么文具来享受书写呢？

"墨水控"这个词广为人知。要享受墨水的乐趣，离不开高品质的书写文具（和优质的纸张）。自不必说，一直以来钢笔都拥有众多的狂热粉丝，但近几年玻璃蘸水笔的受欢迎程度也不容小觑。玻璃蘸水笔笔杆优美、书写顺滑，加上基本都是手工制作，流通量少，无论哪一支都是独一无二的佳品，因此有很多人因它的稀缺性而痴迷。

说起日本钢笔风潮的有功之臣，当数凭借基本性能和高性价比为钢笔普及做出贡献的kakuno。深受女生喜爱的PROCYON外观成熟，采用新型墨水供给结构，书写流畅，推荐入手。空笔KARAPPO PEN可以装入自己喜爱的墨水使用，是具有划时代意义的钢笔。它还提出了众多收藏墨水的新方案。以Kemmy's Labo和HASE玻璃工坊为首的高人气玻璃蘸水笔艺术家的作品，只要在店面和网络上出售，顷刻间就被一抢而空。下次到货时间还要看制作者的日程安排，因此遇到了就果断入手才是硬道理。

**墨水收藏家钟爱的 "装入喜爱的墨水
就可以用的笔"**

空笔KARAPPO PEN细芯/细毛笔芯（吴竹）

当地墨水有多种颜色发售，很多人不知不觉就买了。
这款空笔，正如其名，就是没有墨水的笔。只要把
笔芯浸在墨水中，就可以轻松享受用喜爱的墨水写
字了。

1. 墨水 ◆ Color Bar Ink(石丸文行堂)，均为 1200 日元（23 毫升）

就像在酒吧里品尝鸡尾酒一般，根据心情选择不同色彩的原创墨水。共84 色，无论你是哪种情绪，都可以找到与之契合的颜色。

2. 墨水 ◆ Special Editions: Earth Contact Line (Tono&Lims)，均为 1800 日元（30毫升）

由钟爱墨水的 Tono 和 墨水调配师Lims 共同打造的人气品牌 Tono&Lims推出的带闪粉的人气墨水。

书写 墨水

WRITE

3

3. 墨水 ◆ 神户墨水物语（NAGASAWA
文具中心），均为 1800 日元
用色彩展现颜色丰富的神户风光和历
史的彩色墨水。作为日本全国文具店
举办的"当地墨水"活动的先锋，其
售卖的墨水超过了 70 种。

墨水控对当地墨水的情绪高涨，不断扩展，越加浓厚

在文具相关的展会现场，队伍排得最长的限定商品之一就是墨水。日本全国文具店的原创墨水，即所谓的当地墨水的人气并未衰减。同时，作为女生的最爱，像其他闪闪发光的东西一样，带闪粉的墨水再次引起人们的关注，掀起玻璃蘸水笔的潮流。而且，有的人喜爱 Red Flash（书写过后，除了原本的颜色，还会产生红色系的色彩）、宝石炫彩（像宝石一样的多种色彩）等，其实这原本是墨水不稳定的特征。在那些对墨水不感兴趣的人看来，墨水控也许"略微怪异"。

作为当地墨水活动的先锋，神户墨水物语发售的系列墨水点燃了星星之火，各地不断推出新款墨水，比如长崎的 Color Bar Ink（色彩吧墨水）等，目前当地墨水的增长势头强劲。此外，还有因为过于喜爱而开创墨水品牌的 Tono 和 Lims、与大众分享如何使用迷人的墨水来书写艺术字的 bechori（参考第 10 页）。在墨水界新星诞生的同时，墨水控的队伍也在不断壮大。

墨水世界中,闪粉墨水成为业界最新必备款。除了
金色、银色和珍珠色,还有与墨水不同色系的闪粉。
把收集的墨水涂在墨水试色卡上,放入收藏册。

1

线圈笔记本◆Rollbahn 附口袋记事本
(DELFONICS)，380 日元（中号）/480
日元（大号）
简洁的设计加上方便使用的特性，造就
了这款必选笔记本。限定联名款也充满
乐趣。

Journal 记事本◆NOMBRE NOTE "N"
(nouto)，均为 1500 日元
是印刷好页码的笔记本。是易于翻
开的古抄本风格，封面和封底采用
双色，集各种特色于一体。

2

笔记本

记录

笔记本 ◆ BOOK NOTE（渡边装订），
2900 日元（A5）/2700 日元（B6）
3
以出品精装书为专长，拥有 70 多
年历史的老字号制本公司，利用其
丰富经验推出这款笔记本。制作工
序参见第 178 页。

笔记本 ◆ RO-BIKI NOTE Map Series
（山本纸业），均为 450 日元
一款以复古感爆棚的蜡纸作为封
面，口袋大小的笔记本。拥有高品
质内芯，无论使用哪种文具书写都
很顺滑，这是只有纸业厂商才有的
产品。

4

2 大福账◆挂墙贴（国宝堂），均为 500 日元

江户时代的账本"大福账"摇身一变，成为方便平日使用的记事本。搭配传统碎花，设计传递出温情。沿点断式撕拉口可以平整地撕下记事本的某一页。

记录

日式笔记本

1

便签◆相连便签（里具），均为 420 日元

2020 年春天，里具在每日的不安中策划并推出"相连便签项目"。这款窄长的便签是为了让人们给那些重要却见不到的人传递手写文字。

3 笔记本◆正方形笔记本（国宝堂），
均为 1300 日元
每一本都是匠人手工缝制的日式装
订笔记本，采用了江户时代公文使
用的高级和纸"奉书纸"。可用作
日记本、签名簿、纪念册等。

4

御朱印账◆御朱印账牡丹（CRUCIAL），3100 日元
这是现如今逛神社时不可或缺的御朱印账。经过
激光精密加工的木制封面，美轮美奂。此外还有
麻叶纹、七宝纹饰等吉祥图案的御朱印账。

一边检测与笔的适配度，一边探寻最佳搭档的喜悦

　　作为笔的搭档，文具世界里的另一位主角是笔记本。日本拥有世界一流的造纸技术，包含和纸在内的日本高品质笔记本令全世界文具迷们垂涎不已。能以实惠的价格入手的人，实在是太幸福了。无论是先买笔，还是先买笔记本，只要遇到心仪的文具，就会开启探寻其搭档的无尽旅程。这才是文具爱好者的无上喜悦。

　　初次看到设计考究的 Rollbahn 笔记本的人还以为它是日本之外的产品，如今它依然是线圈笔记本的杰出代表。独特的奶油色内芯纸张俘获了很多女性的心。添加页码的 NOMBRE NOTE "N" 和 BOOK NOTE 是匠人在东京老城区精心打造的线装笔记本。随着使用年限的增长，可以欣赏岁月变化的 RO-BIKI NOTE 在国外也颇受欢迎。重启和式装订的老字号国宝堂推出的"挂墙贴""正方形笔记本"是继承传统的年轻匠人的装订佳品，已成为品牌产品。"相连便签"是里具公司与其粉丝之间的羁绊，令人感动。只要看到传统的御朱印账和最新激光加工技术融为一体的"御朱印账牡丹"，就可以清楚地知道日本作为"笔记本大国"的地位没有被动摇。

作为手账的新潮流，列条目的手账深受大众青睐。这是一种没有日期，可以按个人喜好书写的笔记本。针对这种需求，nouto 株式会社推出的产品是提前印刷好页码的 NOMBRE NOTE "N" 手账。采用手账专用纸，是容易翻开的古抄本风格，封面和封底双色，集各种特色于一身。

写便签

迷你笔记本、便签

1

2

1. 便签本◆BLOC RHODIA MAINE
粉色（RHODIA），4800 日元
以橘色封面著称的 BLOC RHODIA
有各式各样的封面，这是 No.11
专用尺寸的真皮式样。

2. 便签本◆BLOC RHODIA INCOLOR
象牙色/靛蓝（RHODIA），均为 850
日元
具有较强防雨功能的塑料材质封
面（乙烯基树脂）与便签的集合
体。色彩丰富，令人赏心悦目。

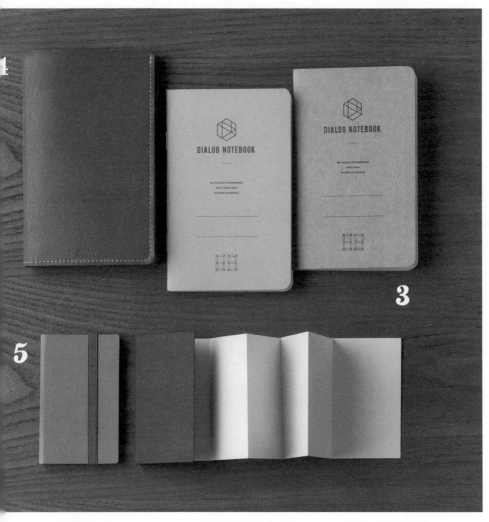

3. 迷你笔记本 ◆ DIALOG NOTEBOOK（3 册装）(DIALOG NOTEBOOK)，1400 日元
网络杂志《每日文具》推荐，追求可以每天轻便携带的迷你方格笔记本。

4. 迷你笔记本封皮 ◆ DUNN MINI TOTECOVER (RONDO)，10000 日元
搭配 DIALOG NOTEBOOK 使用，封面由轻薄光滑的真皮制成。可以通过它感受岁月变迁。

5. 便签本 ◆ 手风琴便签 (+lab/ 山樱)，均为 450 日元
用一张纸制成的风琴状袖珍便签。其特点是可在点断式撕拉口处整齐斯下，展开后可浏览全部页面，使用方法多种多样。

1. 便签本◆护照便签（日本无印良品），均为 120 日元（含税）

护照大小的袖珍便签本。共 3 色，分别为 5 毫米网格内页绿色款、空白内页胭脂红款、点阵内页绀色款。可放在口袋或化妆包里。

2. 便签本◆烫金护照便签（日本无印良品），150 日元（含税）

这是烫金款。与无烫金款相同，共 3 种颜色。图案除金鱼外，还有大力士、歌舞伎演员和日式花纹。

3. 活页纸◆迷你素描纸活页夹 Sketch Binder (maruman)，650 日元

将"图案素描本"的封面作为图案活页夹。带 10 张活页迷你图画纸。

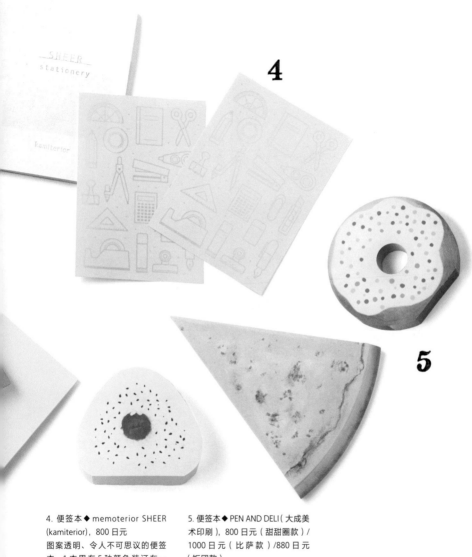

4. 便签本 ◆ memoterior SHEER
(kamiterior)，800 日元
图案透明、令人不可思议的便签
本。1 本里有 5 种颜色装订在一
起。除了照片中的文具款，还有
小猫、小狗等流行图案。

5. 便签本 ◆ PEN AND DELI（大成美
术印刷），800 日元（甜甜圈款）/
1000 日元（比萨款）/880 日元
（饭团款）
以食物为主题的礼物型便签本。
具有逼真的立体感。

用小小笔记本认真开启每一天

真可悲，人是健忘的动物。如果不做笔记，眼前的重要信息就会丢失。因此，终极的记笔记方法就集中到"如何认真地写备忘录"这个问题上来。为了实现这个目标，如何打造工工整整记便签的结构、如何维持记便签的动机似乎就成了焦点。

DIALOG NOTEBOOK颠覆了以往BLOC RHODIA的形象，拥有可爱的彩色封面和真皮封面。还有日本无印良品推出的护照便签，其外观与记便签的动机直接相关。迷你素描纸活页夹Sketch Binder使用了熟悉的素描本图案，安装了促使你拿起画笔的开关。

此外，便签还有一个功能。那就是向他人传达信息。无论是手风琴便签，还是memoterior SHEER和PEN AND DELI，与其说是自用，不如说它们都有想展示给他人的设计和款式。可爱的便签可以帮你愉快地传递信息。

由一张纸叠成的风琴箱状、手掌大小的便签。附带
点断式撕拉口，可以在喜欢的地方撕下，贴在手账
里。倘若将其作为收藏墨水、印章的样本册，就可
以将所有样本尽收眼底。

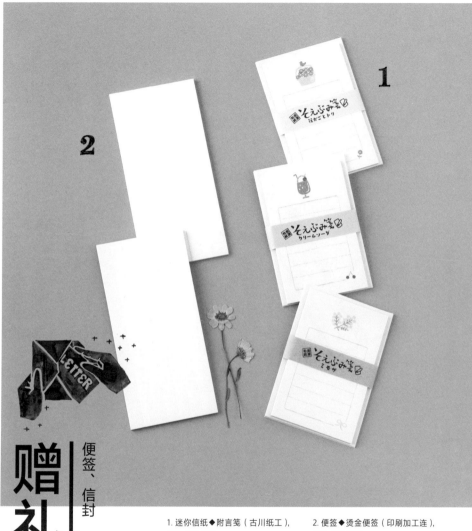

1

2

赠礼

便签、信封

1. 迷你信纸◆附言笺（古川纸工），
均为 300 日元
1 张只能写 7 行，采用美浓和纸制
作的迷你信纸。使用当地纹饰的
和联名款较多，种类超过 400 种。
也是众多藏家拥有的长期畅销品。

2. 便签◆烫金便签（印刷加工连），
均为 900 日元
线条处敷了细箔，具有高级感。有
金箔和银箔两种。纸张稍厚，易吸
附墨水，可在给重要的人写便签时
使用。

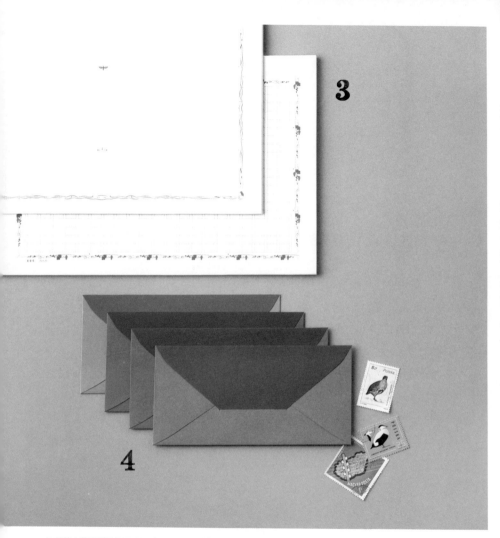

3. 便签 ◆ 装饰稿纸（ATABOU），
均为 480 日元（50 张）
让手写文字充满乐趣的可爱稿纸。
除了图片中的葡萄藤、碧翡翠款、
必买款不下 10 种！品味一下文豪
气息吧。

4. 信封、卡片 ◆ 传书信封（+lab/
山樱），均为 500 日元（8 张）
看上去像个信封，实际上是便签风
卡片，其内部可以书写文字。邮寄
当然没问题，也可作为红包使用。

由于是送给他人的物品，因此想要外观精致

不是寄送，而是赠礼。向对方表达感谢之情、敬意，不仅要在内容上字斟句酌，而且外观上要得体庄重。因此，在迄今购买的文具当中，珍藏的宝贝纸张就要出场了。只有那些可爱度爆棚的纸、美得让人叹息的纸、令人赞叹的纸张才能担当大任。幸运的是，日本既有高品质的西洋纸，还有拥有 1000 多年历史的和纸。纸的文化，严格来说是纸的文明孕育着人们。毫无疑问，运用纸张的才能已深刻融入文化的基因。

当看到附言笺时，我不禁想说：能设计出如此可爱的迷你信纸的人真是天才！迄今，它已有数百款纹饰的产品问世，件件都是精品。装饰稿纸中可爱的装饰框让书写的人心中雀跃，其种类也不断增加。它不仅用于写书信，也深受习字人群的青睐。看到传书信封、烫金便签时，会不由得被它高雅的品位俘获，盼望着快点长大，成为熟练使用这些物品的大人。尝试着把情绪寄托于考究的信纸上吧。

可以放入票、钱，不需要信封
的便签

传书信封（+lab/山樱）

写好文字，轻轻一折就变成了信封，这就是不需要
信封的便签。还可以随信一起附上门票、邀请函、
钱等送给对方。浮雕线条有一种高级感。

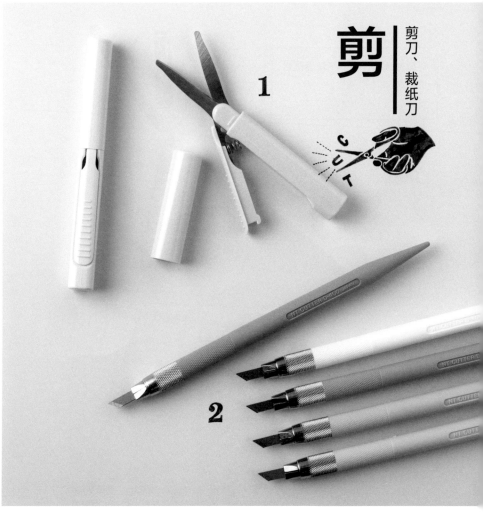

1

2

1. 便携式剪刀 ◆ Fitcut CURVE Twiggy，化妆包尺寸（普乐士），每个 700 日元

可以放入笔袋和化妆包的小巧便携式剪刀。该系列中最小尺寸全长仅为 104 毫米。

2. 设计刀 ◆ NT CUTTER（NT），每个 400 日元

45 度和 30 度的刀刃可以让你精细裁剪，是必入款剪刀。裁纸刀笔杆为可爱的彩粉颜色。可用于雕刻橡皮印章和剪贴画。共 5 色。

3. 装饰胶带剪刀 ◆ Masking Tape Cutter KARU–CUT（国誉），380 日元（适用胶带宽为 20~25 毫米）/ 360 日元（适用胶带宽 10~15 毫米）切口平整的装饰胶带裁纸刀。

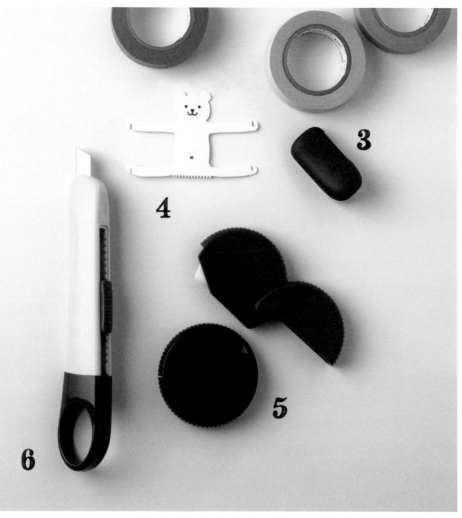

4

3

5

6

4. 装饰胶带剪刀 ◆ Animal Hug （SUGAI WORLD），480 日元

动物造型的装饰胶带剪刀给人一种清新的感觉。把它装在装饰胶带上，仿佛抱紧了胶带，可用"臀部"完成裁剪。不禁被它滑稽的模样治愈。

5.开箱工具◆纸箱开箱器（MIDORI），每个 980 日元

手掌大小的开箱器，圆滚滚的身子里装有陶瓷刀片。轻松开启收到的纸箱包裹。内置磁铁，可吸在冰箱和门上。

6. 裁纸刀 ◆ ORANTE（普乐士），450 日元

收起裁纸刀的刀刃时，女生常感到心里害怕，而这款不用折起来的裁纸刀能让女生放心使用。耐用加工刃为不锈钢，很是锋利。共 5 色。

柔和化的刀具受到女生青睐

"刀具是危险物品"的印象总是挥之不去。然而，当下许多剪刀类文具正扭转这个观念，让使用者可以轻松便利地使用。

弯刃剪刀是从始至终都一样锋利的革命性剪刀。在Fitcut CURVE系列中，最袖珍的就属杆状的Twiggy化妆包款式。它适用于各种场合。说起小巧，纸箱开箱器只有手掌大小，可以轻松开启纸箱，而装饰胶带裁纸刀（夹款）更是以令人想象不到的尺寸和功能令消费者叹为观止，可谓是一个大发明。对于害怕收起刀刃的女生而言，不用折叠的耐用裁纸刀无疑就是救星。在具有较多男性设计特征的刀具世界中，以温润色调为特色的NT CUTTER和被其可爱治愈的Animal Hug（动物抱抱）等，所表现出的刀具领域的柔和化趋势也成为今后值得期待之处。

切口平整又花哨的装饰胶带裁纸刀
Masking Tape Cutter KARU-CUT (国誉)
Animal Hug (SUGAI WORLD)

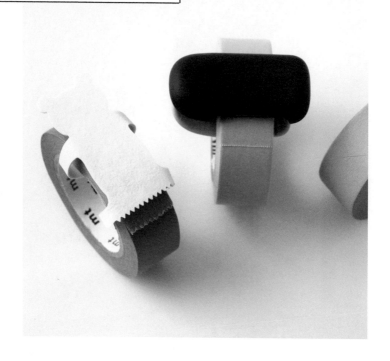

尽管手撕风也是装饰胶带的魅力，但如果想让切口平整，推荐入手装饰胶带剪刀。KARU-CUT是累计出货量达到130万个的高人气文具。夹一下就能用，你会发现它的魅力在于轻巧的身量和让人平静的丰富色彩。Animal Hug，正如其名，是抱着胶带的动物造型裁纸刀。你不禁会被其用臀部裁剪的模样治愈。

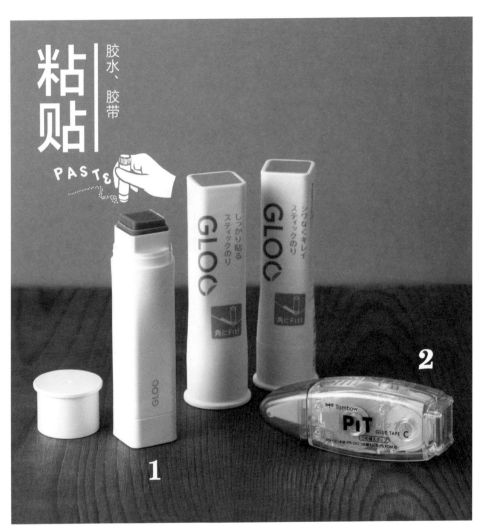

粘贴

胶水、胶带

PASTE

1

2

1. 胶棒◆GLOO 固体直角胶（国誉），130 日元（小号）
方形胶棒方便涂抹。有 3 种类型，分别是牢固粘贴款、颜色消失款和无褶皱款。

2. 胶带◆PiT Tack C（蜻蜓铅笔），250 日元
这款胶带粘得结实，揭掉后不留痕迹。用喜欢的纸张作便签，或者把备忘录（便条）贴在手账和笔记本上都很方便。

书写可爱笔记的幕后角色

乍一看这是一个不起眼，深藏身与名的领域，但对用户而言，在这50年里变化最大的就是粘贴文具。的确，从糨糊到液体胶水，从胶棒到胶带，粘贴的主角千变万化，令人目不暇接。

其中，占据主导地位的胶棒再次成为大众焦点，其代表商品就是GLOO固体直角胶。胶体为长方体，边边角角也可涂抹到。另一方面，胶带也在稳步发展。像"PiT Tack C"那样，可粘贴、可揭掉的胶带日渐流行，"文具女孩"记笔记时就越发得心应手。

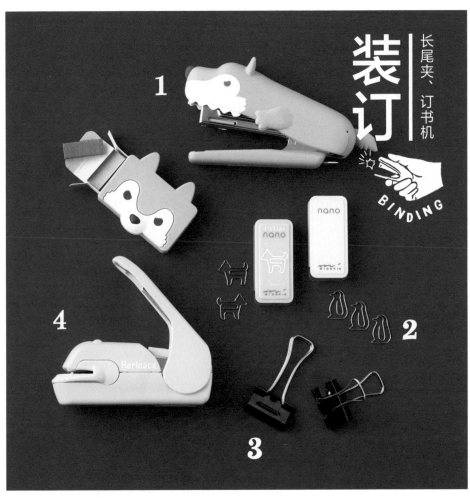

装订

长尾夹、订书机

BINDING

1

4

Harinacs

nano

d-clips nano

3

2

1. 订书机 ◆ 陆地动物系列MAX硅胶订书机，1500日元（订书机）/ 750日元（订书针）
继热卖的岸边动物、冷水海洋动物系列的第三拨产品。数量有限。

2. 回形针 ◆ d-clips nano（MIDORI），均为400日元
外形采用动物、交通工具等主题，是颇受欢迎的d-clips回形针，也更加小巧。色调柔和的收纳盒也惹人喜爱。

3. 长尾夹 ◆ AIR KARU（普乐士），170日元（含大号3个、中号4个、小号5个）
既可牢固夹住文件，也可轻松打开。

4. 订书机◆无针Harinacs压纹订书机（国誉），1100日元
很多无针订书机都是打孔装订，这款是无孔的压纹式装订设计。压纹美观又不明显。

用最新款文具轻松完成工作

在工作过程中，装订环节不仅格外多，而且非常重要，不是吗？虽然"无纸化办公"这个词也说了很久，但是纸张的使用量并没有减少。因此，如果将纸张固定夹紧的长尾夹使用起来既方便又轻松，就再好不过了。

AIR KARU让手指告别开合长尾头时的疼痛，使用无针Harinacs压纹订书机时有种快感和为环保尽力的满足感，还有"陆地动物"硅胶订书机、d-clips nano回形针带来的治愈瞬间。倘若使用这类小物件，事务性工作也可以变得轻松愉快。

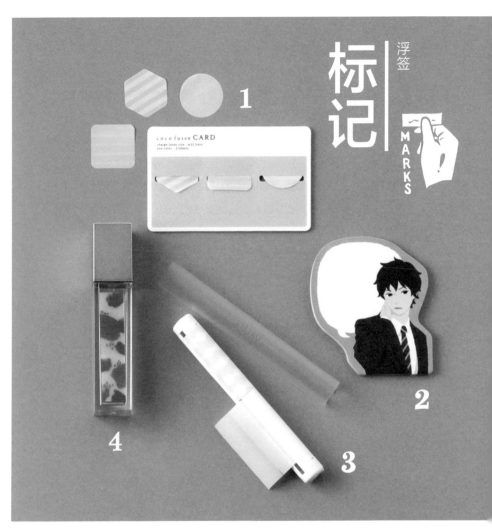

標记 浮签

MARKS

1

2

3

4

1. 浮 签 ◆ coco fusen CARD (KAN-MIDO)，500 日元
仅有 1.5 毫米薄的卡片中装有胶卷浮签，携带方便。还有替换内芯，收纳盒可反复使用。

2. 浮签 ◆ 帅哥浮签®（日本 HALL-MARK），380 日元
以"想让这个男生对我说……"为理念推出的新产品。各种年龄、不同性格和职业的帅哥成为信息的代言人。

3. 浮签 ◆ LITTRO (KANMIDO)，630 日元
胶卷状浮签卷。主体像唇膏，设计新颖。共有 12 种胶卷浮签，挑选喜爱的浮签也很有趣。可用于笔记和标签。

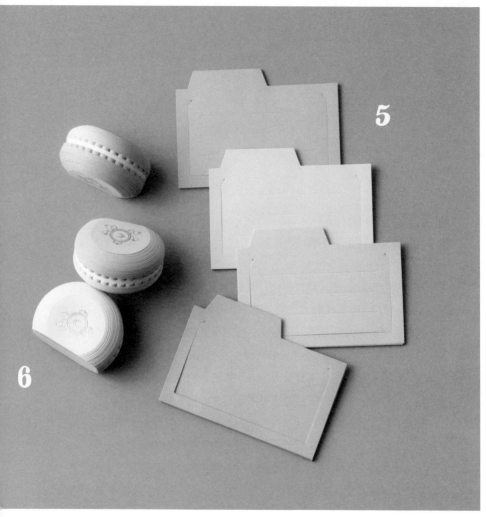

4. 浮 签 ◆ GLOSS STICK MARKER (KAMIO JAPAN)，450 日元
适合在照片墙平台上出镜的唇膏状胶卷浮签。打开盖子，内有两种浮签，各 70 张。

5. 浮签 ◆ 浮签传书纸夹（+lab/山樱），均为 360 日元（20 张）
像纸夹那样，夹起来就可使用的无胶浮签。适合写短小留言。倘若使用其他夹法，还能以隐藏书写内容的方式交给对方。

6. 浮签 ◆ 马卡龙浮签（CRUCIAL），均为 700 日元
正如其名，和马卡龙饼干一模一样的夹心纸浮签。裁剪立体，给人真实的存在感。有 6 种颜色可供挑选。

胶卷浮签呈纤细化趋势，
各种纸制浮签都在不停变化

　　女性的包一般较小。针对容量有限的需求，文具的纤细化是一个具有普遍性的课题。LITTRO、GLOSS STICK MARKER采用长条盒子收纳胶卷浮签的方法，在解决容量问题的同时，还具有不易脏的特点，成为女性使用者满意度很高的产品。coco fusen CARD将胶卷浮签做成卡片型，可以夹在书和笔记本里。尽管是纸，但如果数量旁大，浮签的体积也会增大，所以把素材做成胶卷状，巧妙融入女性的生活中（可用铅笔、油性笔书写）。

　　与此同时，纸制浮签也朝着各种方向不断变化。以传达"想让这个男生对我说……"为理念的"帅哥浮签"获得大众的欢迎；作为深受女性青睐的浮签之一，马卡龙浮签没有采用插画，而是因为其立体造型赢得掌声。还有乍一看不起眼，却实用性突出的传书纸夹。写上文字，又貌似看不到的纸夹的理念真是令人赞叹。

说起浮签，人们就会想到那个方方正正的办公用品，随身携带的话，还容易沾上灰尘。此乃旧话。同化妆工具、点心等物品一样，浮签也得到了很好的进化。其中引人注目的是 LITTRO 浮签卷。胶卷浮签带有点断式撕拉口，可以撕成喜欢的长度。设计小巧、造型时尚的浮签是最新必入款。

点缀

装饰胶带、配件

1

2

3

1. 装饰贴纸 ◆ CHIGI ROLL (MIND
WAVE)，420 日元
附带点断式撕拉口，可以轻松撕
下。可以一个个图案撕下来，作
为贴纸使用。装饰效果华丽。

2. 装饰胶带 ◆ bande（西川交流
株式会社），400 日元起
可以把印在装饰胶带上花纹各异
的贴纸一张张揭下来使用，轻松
点缀手账。

3. 手工打孔机 ◆ DECOP 压花打孔机
（PAPER INTELLIGENCE），950 日元
剪裁的同时可实现压花（凹凸）
的打孔机。用于制作卡片、拼贴
的重要工具。

142

4 FREE CUT

MASKING TAPE BOOK

好きな形に切り貼りできる
マスキングテープ

Hagaki size / 5 designs + 2 sheets

HITOTOKI

6

KITTA

5

4. 装饰胶带◆装饰胶带本（KING JIM），520 日元（明信片尺寸）可以剪裁成喜欢的形状，进行粘贴的薄片状装饰胶带本。它面积较大，因此可以轻松填满记事本的空白。

5. 装饰用胶带◆ Petit Deco Rush（普乐士），240 日元起（宽幅）/200 日元（6 毫米宽、4.2 毫米宽）像修正带一样，只要拉出来就可以变成可爱插画和线条的装饰胶带。

6. 装饰胶带◆小巧装饰胶带 KITTA（KING JIM），350 日元起装饰胶带的必入款。采用烫金工艺和透明胶带制成的产品成为热门的最新必入款。

新品接连登场，不愧是点缀笔记本的王者

装饰胶带是"文具女孩"的象征之物，这么说也不为过。很多厂商都推出了自家的装饰胶带产品，仅是纹饰的变化就可以用数不胜数来形容，然而这里依然在进行技术和钻研的革新。有被大众熟识的连续型贴纸（如 bande）和附带点断式撕拉口，可以轻松撕下每个图案的装饰胶带（如 CHIGI ROLL）。此外，方便携带的卡片型胶带 KITTA 也广受欢迎，还有一整本的装饰胶带，可以根据喜好裁剪使用，纸胶带正朝着多样化的方向不断发展。

此外，起点缀作用的文具还有不可或缺的 Petit Deco Rush。可以在装饰胶带上方进行再次粘贴，或用在插画里，的确在装饰领域占据了一席之地。手工打孔机的最新产品"DECOP 压花打孔机"也备受大众关注。它是一款不仅能裁剪出花纹，同时让花纹具有凹凸效果的优秀产品。让我们在居家时间里享受点缀笔记本和手账的乐趣吧。

装饰胶带被女生发现，摇身一变成为杂货已有十多年的历史。每年都有很多不同颜色、纹饰和形状的装饰胶带问世。这里介绍的是 2020 年面世的薄片状新型装饰胶带。其魅力在于可用附带的模板描绘并裁剪，剪出边框做成画框，随意贴在较大的纸本上。

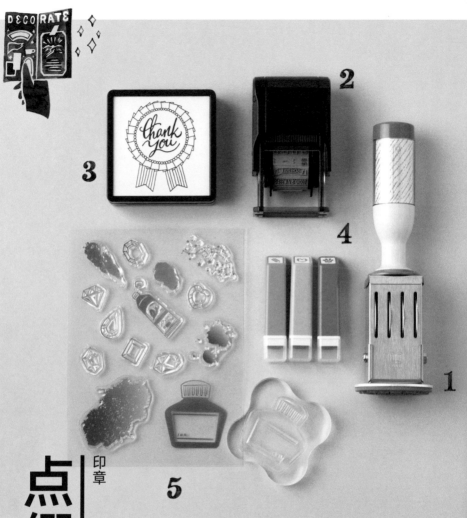

点缀

印章

1. 日期印章 ◆ 与SANBY的联名款装饰用日期印（水缟），4200日元
在女生文具领域较受欢迎的水缟与办公印章厂商SANBY株式会社联合推出的日期印章。在印章功能的基础上添加了可爱的设计。

2. 印章 ◆ PAINTABLE STAMP 旋转印章（MIDORI），1500日元
旋转后，有10~12种图案可供选择。由于印章使用油性颜料系列的墨水，因此上面还可用水性马克笔涂色。

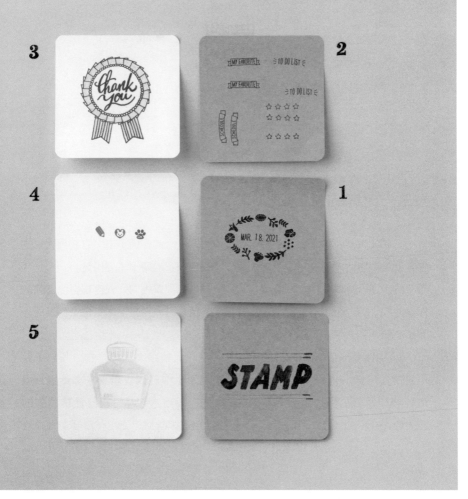

3. 印章 ◆ PAINTABLE STAMP 渗透
印章（MIDORI），880 日元
如果在手绘方面没有自信，那么
这是一件以自我风格装饰笔记本、
手账、浮签、卡片等的印章利器。
试着涂上颜色，填写文字吧。

4. 印章 ◆ 日程渗透印章（KODO-
MONOKAO），均为 120 日元
印章图案有动物、食物、OK 图案
和天气图案等。使用方便，可用
于书写手账。是成人女性也备感
怀念的长期畅销品。

5. 印章 ◆ 透明印章（BGM），650
日元（片）/350 日元（亚克力板
S号）
把喜欢的图案贴在由透明亚克力
制成的底座板上。这是最新必入
款印章。

按压一下就有可爱图案的印章

　　说起印章，不禁让人觉得仿佛给"按压"这个动作通了电，它获得大家的喜爱就是源于此吧。暂且不说这个，我们先说印章的两个主要用途。一个是代替手绘，适合那些不擅长画插画的人，还有想每次以相同方式再现自己喜欢的图案的人；另一个是作为写手账的要素来使用。可以用日期印章记录当天的计划和心情。

　　SANBY联名款装饰用日期印章的确是让人情绪高涨的宝物，开启干劲十足的每一天。日程渗透印章让你在不知不觉中感到快乐，并享受用它填满各种计划。在替代插画的印章中，可在上面用水性马克笔等涂抹色彩的PAINTABLE STAMP 渗透印章、PAINTABLE STAMP 旋转印章颇受大众欢迎（由于是油性墨水，因此当心其脱落）。把喜欢的图案贴在由透明亚克力制成的底座板上的透明印章如今也成为必入款。

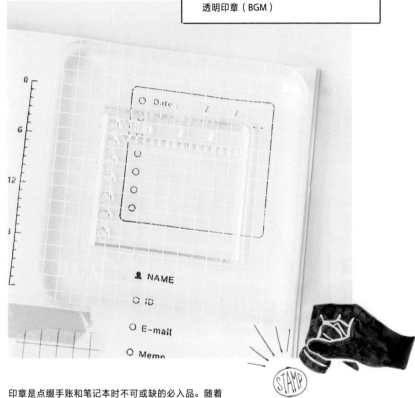

印章是点缀手账和笔记本时不可或缺的必入品。随着
精确填写页面的人不断增多，想要"在盖印章的地方
不偏不倚地盖印章"的人也在增多。为了满足这样的
需求，透明的印章底座应运而生。把喜欢的图案贴在
透明的亚克力底座上，可以一边看着下面的笔记，一
边盖印章。如果购买足够的图案贴纸，还可以替换使
用，体积也不会随之增加，这也是它的魅力。

1. 日期贴纸◆himekuri文具（hime-kuri），2300日元
365天每天都有不同图案的桌上浮签日历。贴在笔记本上，摇身一变就成了手账。除了照片文具款，还有各种各样的图案。

2. 手账镂空雕花板◆和气文具原创手账镂空雕花板（和气文具），850日元（单品）/3400日元（4张装）
不要求绘画才能，用它就可以简单写写画画，制作可爱的手账。

3. 便利贴◆彩妆记事本（PAPERIAN），均为450日元
根据使用目的的不同，该便利贴的设计款式和图案种类繁多。在便利贴上写上文字，贴在笔记本或手账上，享受一番乐趣。

4. 迷你照片打印机◆iNSPiC PV-123（佳能），参考价格 13 880 日元
可将手机里的照片通过 App 打印出来。使用不需要油墨的专用纸，同时也是贴纸，即刻可以粘贴。

5. 文具夹◆成人贴纸收藏夹（KING JIM），480 日元
可将喜爱的贴纸、装饰胶带进行整理和收纳的贴纸专用收藏夹。适合成人女性使用，方便携带。

看着空荡荡的笔记本和手账会不安的人看过来

装饰笔记本、手账的秘诀之一就是填补空白。并非每一个人每天都有写不完的话，因此能填补空白页面的可爱神器就是最佳的点缀文具。

从这个意义上来讲，日期贴纸就是珍贵的存在。因为每天都要消耗一部分，所以一定有用武之处。himekuri 每年都推出多个主题的"日历浮签"。它由 365 张日期贴纸组成，揭下一页，贴在笔记本上，就可以把笔记本当作手账或日记本使用。"彩妆记事本"是实用性和设计性兼备的杰作。可以写下待办事项、食谱等必要内容，只需要粘贴一下，雅致的色彩就彰显出高品位的笔记本。用喜欢的彩色笔，在喜欢的地方点缀时，推荐和气文具原创的手账镂空雕花板。它的花纹非常适合笔记本，只要描摹一下沟槽就可以描绘出来。将随身携带的心爱贴纸放入"成人贴纸收藏文具夹"里，用佳能 iNSPiC PV-123 将拍好的照片现场打印出来，在旅行目的地的咖啡馆里偷偷写笔记也是一种乐趣呢。

在生活日志笔记中大放光彩：
用手机实现打印功能

iNSPiC PV-123（佳能）

美味的食物、兴趣爱好、生活各种细节，iNSPiC PV-123
满足了大众把幸福的回忆当作日志记录下来的心愿。咔
嚓一声用手机拍下咖啡厅的美食，当场打印在贴纸上，
享受手账的点缀时光……本书的制作团队里有很多人也
想要呢。

收纳

盒子

1

2

1. 工具箱◆彩色小盒（punpukudo），
均为 2200 日元
手掌大小的可爱小盒。除了照片中的
麝香葡萄色、苏打水色，还有柠檬色
和水蜜桃色，共 4 款。单单想着里面
要装什么就很开心。

2. 工具箱◆小工具箱（punpukudo），
均为 2400 日元
放零碎物件的小工具箱。采用Pasco
硬质纸①制作的结实小盒，据说使用
年限可超过 50 年，可谓是能长久陪
伴的文具。

① 以再生纸浆和新鲜
纸浆为原料的环保
纸。——编者注

154

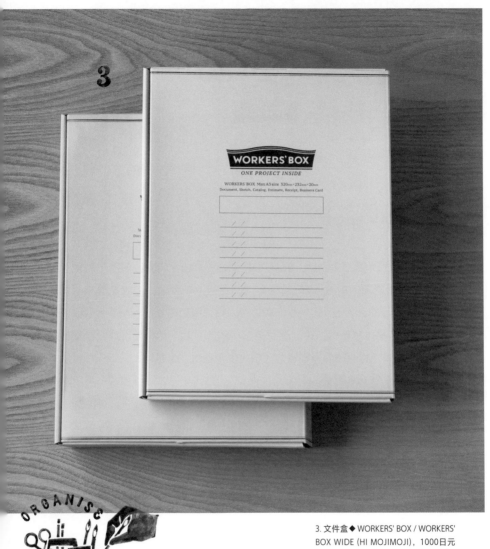

3. 文件盒◆ WORKERS' BOX / WORKERS'
BOX WIDE (HI MOJIMOJI)，1000日元
（A4 尺寸 2 册装）/ 726 日元（WIDE）
可收纳与每个项目相关的文件和笔
记本。

用盒子解决一切问题

　　有的人之所以不会收纳，究其根本，是因为过于认真。制定了规则，要"把东西放回原来的地方"，结果这却成了负担，慢慢地，未收纳的东西越来越多，杂乱无章地堆在一起。我们向这类人推荐收纳的秘诀——"大致收纳即可"。不必严格地将东西归位，随意把东西放在一起，这样随时都可以轻松地拿出来。例如，将收纳的原则定为"按照每个项目"来整理。关于该项目所有的文件资料、物品等都装入"工作文件盒"。立式文件盒可以放在书架上，非常方便检索（如果是大项目，不必担心，有配套的宽版文件盒）。桌上乱七八糟的文具，可以用"专属小工具箱""彩色小盒"进行收纳。可按照笔、笔记本等大致分类，或按照使用频率分为常用物品、候补物品等，这些收纳盒子正好可以满足一个人的物品收纳需求，使用起来相当称手。

可整齐收纳文具和小物件，
居家办公时也能派上用场

专属小工具箱（punpukudo）

在居家办公或工作地点可自由选择的日子里，你有没有为
收纳、搬运零碎的文具和小物件而犯愁呢？我们的建议是
使用专属小工具箱。它以 Pasco 硬质纸为原材料，经工匠
纯手工制作而成。箱子边缘用五金加固，你会惊讶于这个
结实的工具箱竟然可以使用超过 50 年。

收纳｜笔架

1. 笔架◆ TOOL STAND (CARL 事务器)，850 日元
如果空间小，又想用很多支笔，那么推荐使用笔架。倾斜的笔架结构让取用和插入都非常便捷。

2. 移动收纳◆ LIFE STYLE TOOL BOX S 号 (NAKABAYASHI)，均为 1400 日元
不用的时候，它是一个朴素的纸制收纳盒；使用的时候，它就变成一个方便携带的收纳盒。居家办公或办公地点不限的日子里，用起来十分方便。

3. 笔袋 ◆ Neo Critz Marucru（国誉），均为 1400 日元

可收纳笔，携带方便，是形状可爱的立体笔袋。拉开上部并卷回后，摇身一变就是一个笔架，既可爱又方便。

4. 笔袋 ◆ DELDE BUNGU POUCH（SUN-STAR 文具），2980 日元

竟然可以装下约 100 支笔的笔袋。推荐经常携带许多彩色笔的重度使用者购买。

5. 笔袋 ◆ SMART FIT PuniLabo（LIHIT LAB.），1400 日元

拉开拉链，将笔袋从上往下压，底部后缩，华丽变身为一个笔架。笔袋盖子处还可收纳橡皮。

手机加立式笔袋成就移动办公

刚刚步入社会的时候，很多人都被会前辈教导"文件不要平着放，把它立起来"。笔类也是如此，平放容易滚动，还可能掉到文件的缝隙里，想用的时候会想："咦，我放哪里了？"为防止此类事情发生，最好是把笔立着放在固定的位置。

推荐办公桌上放置"TOOL STAND""LIFE STYLE TOOL BOX"等固定笔架。这种笔架在设计上注重节省空间。

如果需要携带方便，那么市场上出现了很多兼做笔袋的产品。作为日本立式笔袋的鼻祖，Neo Critz的最新款产品Neo Critz Marucru值得推荐。它柔软可爱，圆筒立体造型，拉开拉链，底部一览无余，稳定性出众。对于需要携带大容量笔的人，推荐入手DELDE BUNGU POUCH，可收纳约100支笔，可谓是"笔之森林"。也适合收纳色彩丰富的彩笔。另外还推荐SMART FIT PuniLabo立式笔袋，拥有治愈系动物造型，同时满足你的收纳需求。

无论是在图书馆里完成学校的课题，还是在咖啡馆里处
理工作事宜，在不断增加的各类场合的伏案工作中，都
离不开的就是笔架（收纳）。一打开，瞬间就能进入工
作状态。合上后，它就是一个朴素的纸盒，立着展开就
变成笔架，可以马上取出文具。工作结束，很快就能收
拾干净，适合带着它到处行走的人。

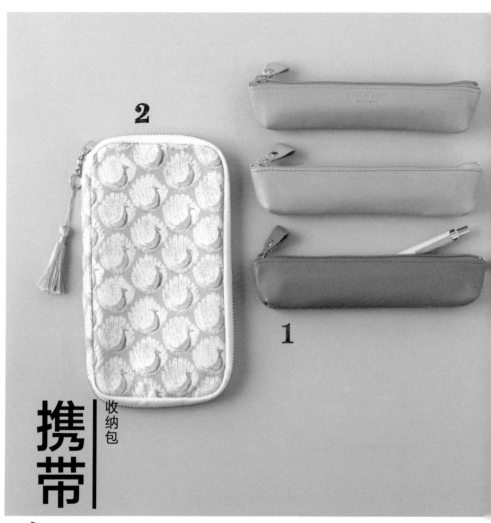

2

1

携带 收纳包

CARRY

1. 笔袋◆小笔袋（NOIR），均为1500
日元
采用软皮革制成的彩色笔袋。可以
装入5支笔的袖珍笔袋。色彩丰
富，挑选颜色也是一种享受。

2. 收纳包◆小抽屉包（Hobonichi），
3800日元
可以将整理好的抽屉整个携带的小
巧收纳包（图片：LIBERTY FABRICS
Peacocks of Grantham Hall）。

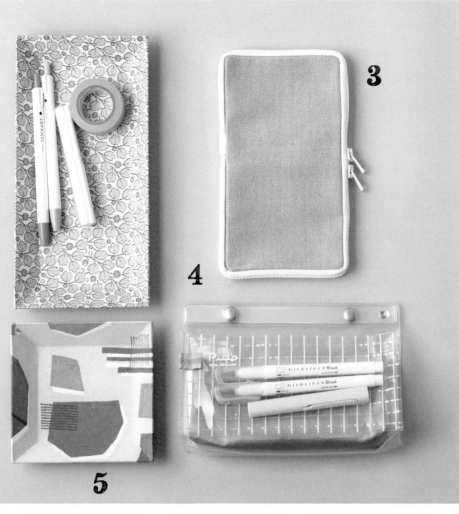

3. 笔袋 ◆ TSUKUSHI 笔袋（TSUKU-SHI 文具店），3400 日元
用帆布制成的朴素笔袋。适合需要用徽章、胸针的定制用户。特点是一圈都是拉链，哪里都可拉开。

4. 笔袋 ◆ TOOL PENCASE Piiip（国誉），1500 日元
在照片墙的时代，笔袋也是展示收纳的对象。把喜爱的笔放在透明笔袋外侧，备用文具放在内袋里隐藏起来，提升美观度。

5. 纸托盘 ◆ PAPER TRAY 长方形/PAPER TRAY 正方形（BOX&NEEDLE），1760 日元（长方形）/1320 日元（正方形）
纸箱厂商生产的纸托盘。质地轻巧，纹饰丰富。

托盘式收纳包和笔袋：
其魅力是可以纵览文具的安心感

  相对于立式笔袋，小型抽屉包、TSUKUSHI笔袋都属于托盘式笔袋。携带这些托盘式文具出行，无论哪里都可以变成工作场所。与立式笔袋相同，在居家办公的大环境下托盘式笔袋也可以在家里大显身手。这些笔袋能收纳的物品不限于文具，只要大小合适均可以收纳其中，很多人都把它当作袋中袋并视为珍宝。"TOOL PENCASE Piiip"拥有适合在社交媒体出镜的双重构造。可以与笔记本一同拍照片，把自己喜欢的书写文具放入透明笔袋的外侧，其余文具收纳在内侧口袋。想展示的物品和不想展示的物品收纳在同一个笔袋里，不禁让人钦佩这种从未有过的小巧设计。即便是迷你身形，NOIR"小笔袋"的色彩种类也极为丰富。BOX&NEEDLE推出的纸托盘系列，正如其名，是贴纸托盘。让纸张的粉丝欢欣雀跃的高品位就是其魅力所在。一起来挑选喜欢的花纹吧。

既有亚麻布料的朴素外观，
又有大容量收纳的功能
TSUKUSHI 笔袋（TSUKUSHI 文具店）

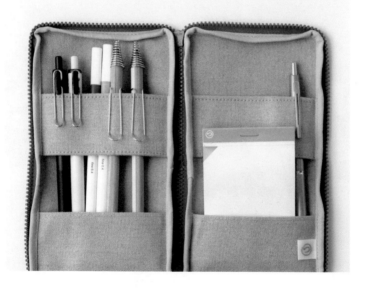

TSUKUSHI 文具店发布的人气产品——TSUKUSHI 笔袋。其
特点是拉链绕笔袋一周，拉开拉链后，笔袋可以像笔记本
一样展开，或只拉开上部拉链使用。虽然体型小巧，但功
能和收纳能力都十分出众。帆布材质结实耐用，朴素的外
观也是其受欢迎的秘诀。

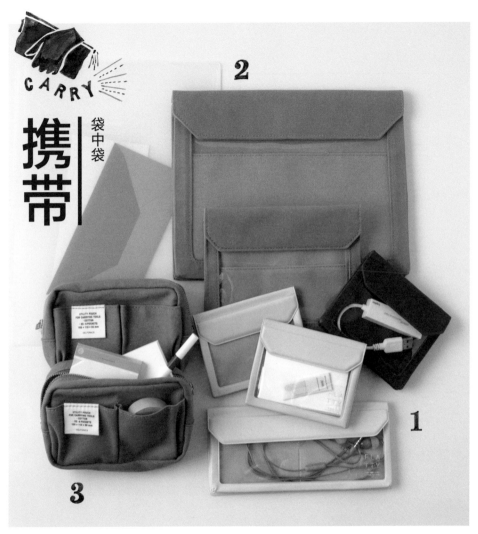

携帯

CARRY

袋中袋

2

1

3

1. 袋中袋◆ FLATTY (KING JIM)，1800 日元（FLATTY WORKS, A5）/ 850 日元（FLATTY WORKS, CARD SIZE）/ 580 日元（卡片式）
干净利索地收纳小物品。

2. 硬质文件夹◆ HARD CLEAR HOLDER MOTE（国誉），A4 大小，230 日元起
方便存放喜欢的广告传单、绝对不想有折痕的纸制品，是方便携带的硬质文件夹。

3. 袋中袋◆ inner carrying XS 号（DELFONICS），1550 日元
帆布材质的内胆收纳包。体型小巧，功能突出。大一圈的是 S 号，还有 M 号，可收纳 A5 大小的物品。

由于生活方式、工作方式的变化，需求不断增长

　　在工作方式上，既有去公司上班的日子，也会居家办公的情况增加了，因此对把工作时的全套文具一股脑地收纳在一起，方便携带的需求越发高涨。然而，每个人的"全套"文具在数量上有所差异，凭借多款不同尺寸和在职场中毫不浮夸的正式感，FLATTY 和 inner carrying 系列内胆收纳包获得大众的欢迎。

　　虽然不是袋中袋，但作为可以将纸制品和文件平整收纳，不用折叠就可以方便携带的文具，硬质文件夹这类产品的需求也在不断增长。

阅读

读书必需品

READ A BOOK

1. 书签 ◆ 5 根装书签绳（日本无印良品），150 日元（含税）
可贴在日程本、笔记本、文库本和单行本上使用。带贴纸的书签绳。也可以在一本书中使用多个书签。

2. 书签 ◆ CLIP BOOK MARKER (MIDORI)，460 日元
作为手账和书的标记，该书签方便使用。厚度仅为 0.1 毫米的极薄款，不会损伤页面，还可以作为画图案的尺子使用。

3. 浮签 ◆ CLIP coco fusen (KAN-MIDO)，420 日元（S 号）/390 日元（M 号）
可以夹在书、手账等身边的物品里，是携带方便、带夹子的浮签。还可替代书签。

4

4. 书皮 ◆ Free size Bookcover (Bea-
house), 1500 日元
正如其名, 一张可以适用各种尺
寸书籍的书皮。即便是文库本和
辞典, 也可用魔术紧贴固件包好
书皮。

面向读书爱好者的周边产品

读书爱好者的数量一定远超文具粉丝的数量，因此让阅读更加舒适、便利的小物件也变得越发重要。书与文具有着很高的契合度，如果书店和文具店更加紧密地合作，一定会成为孕育新文化的基石（任性的想法）。以下就是选定委员会的各位成员挑选出来的读书周边产品。

现在越来越多的书不带书签绳了。于是，日本无印良品推出了"5根装书签绳"。这是一款把贴纸贴在书脊上的书签绳。有了它，因为书签不见踪影而不知道读到哪里的悲剧就不会再发生。如果喜欢金属书签，那么推荐购买CLIP BOOK MARKER。除了能当书签，它还可以用作画图案的尺子，可用笔描摹上面的花纹。如果想在需要留意的地方夹书签，那么推荐使用CLIP coco fusen。扁平浮签夹在书里，不会对书产生一点影响。Free size Bookcover是长期畅销品，买一张就可以包不同尺寸的书籍。用喜爱的花纹来包那些重要的书吧。

如果你有很多想读的书、教科书等，需要用到很多书签的话，推荐使用可替代书签的迷你浮签。CLIP coco fusen 是细长条的半透明浮签，并附带书夹。随时可夹在封面上，用作书签，还可用在手账和笔记本上。

"动眼很可爱"

监修　高木芳纪

　　谈起喜爱文具的男士，很多人都会有这种印象，即他们是钟爱钢笔、机关类、配件类，格外喜欢帅酷系列、具有较强道具感物件的男士。毋庸置疑，当然有很多这样的男士，还有少数喜欢可爱型文具的大叔。尽管都是"可爱型"，但男士喜欢的可爱有别于女士喜欢的可爱。

　　我喜欢的"可爱"是"动眼"，就是在手工艺商店、五元店里看到的毛绒玩具的眼睛。此次以山下哲的书《喜欢可爱事物的人们（然而是大叔版）》为契机汇集了色彩纷呈、大小各异的"动眼"。把这些"动眼"贴在文具上，于是那些静止不动的物件仿佛瞬间有了生命力。这种质朴又小众的装扮，让人沉迷其中。把文具可爱地装扮一番，那心情别提多愉快了。

　　大叔今天也在琢磨，不知何时会兴起一股"动眼"风潮，为了有朝一日做客电视节目《松子不知道的世界》，还要继续探索文具与"动眼"的最佳组合方式。

Technique OF PRINTING

有趣的工厂参观

激动人心的时刻到来了！我们将
向读者全面展示玻璃蘸水笔生产、
装订、活字印刷、烫印加工等充
满魅力的文具制作现场。

了解文具的现场制作过程和手工
艺人的制作方法，会不断加深你
对文具的依恋哦。

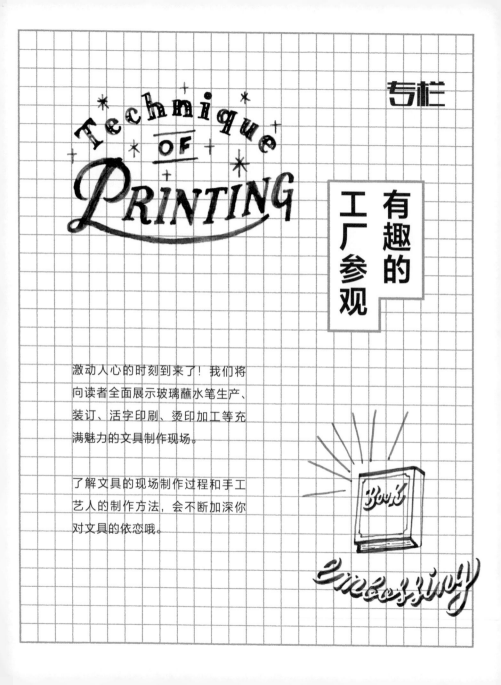

闪亮的烫金文具

采访对象：
COSMOTECH

 @cosmotech_no1
 @cosmotech_no2
gyogyogyogyogyo.stroes.jp

通过铝箔和金属版的热压工艺展现特殊的印刷技巧

金银色插画和文字在光线中闪闪发光。像附有烫金工艺的文字用品、装饰胶带等文具那样，既可以收藏使用，也可以为信件、贺卡、礼物等锦上添花的当数纸质烫金了。那么，任谁都心驰神往、一看就心动不已的烫印工艺是如何实现的呢？

传统的烫印工艺使用的是由黄金制作而成的金箔，价格十分昂贵。因此，印刷中的烫印没有使用黄金，而是使用了着色的锡箔卷。这是将金属印版加热，将锡箔置于印刷品上，利用热压转移的原理完成压印的特殊工艺。此外，还有不用锡箔，通过压力使纸张表面呈凹状的凹状烫印。把纸张夹在凹凸版中，通过压力制成表面立体的凸状烫印，还可利用带直线或条纹的版，通过加压来烫印线条。因此与常见的印刷有所不同，该工序要求专业操作员掌握一定的知识和技术。

位于东京都板桥区的COSMOTECH是一家专门进行烫印特殊工艺加工的印刷公司，拥有对包装材料、书籍、同人志进行装订加工等丰富经验，还与知名发明者推出联名款产品。其原创祝仪袋深受大众喜爱，从设计到加工都亲历亲为的前田琉璃向我们展示了烫印加工的详细步骤。

箔不光有金色、银色，还有其他丰富色彩，加上与不同种类的胶的组合，品种可达百余种。例如，由于观看角度不同，色彩会随之变化的全息箔，以及将颜料进行编码的不透明哑光箔等。根据所用箔的种类，产品呈现的效果大有不同。

用烫印技术加载金色

　　前田琉璃设计的"烫印祝仪袋"图案分为梅花和松柏两种。采用四六判（788 毫米×1091 毫米）、横纹、90 千克的特种纸白色OK float，通过热压技术，使按压部分呈现透明立体的纹饰。

　　利用该纸张的特性，表面纹饰通过热压方法压印，梅花和松柏分别采用了"立涌纹样"和"毗沙门天王"这两个在日本具有传统意味和彰显礼节的吉祥图案的改良纹饰。

　　祝仪袋的中部烫印了细细的金属色箔，此外文字"寿"和菱形的礼签采用了金箔和色箔的烫印工艺。

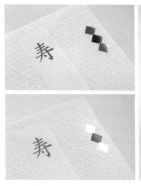

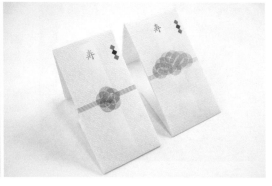

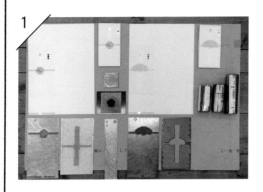

根据设计数据制作金属版

根据设计数据制作烫印用的金属版。金属版采用凸版，类似印章。两种祝仪袋使用的金属版共有 7 种。这些金属版组合在一起就可以呈现复杂的纹饰。

将金属版和色箔卷装在烫印机上

将金属版安装在烫印机上，加热至120~130 摄氏度，再装入色箔卷。用手将纸张放在烫印机台面上，加热的金属版下降后，将色箔压在纸张上。铝箔卷宽约为 640 毫米，因此可以裁剪后使用。

通过热压技术，将烫版图案转移到纸张上

烫印也被称为加热印刷。采用专用烫印机加热金属版，通过适当的压力，把夹在中间的烫版图案转移到纸张上。就像用金属版在纸上盖一个大大的印章。温度和压力过高或过低，都会影响烫印效果，因此需要微调。

4

试烫时不断微调

更改色箔种类，对压力和温度等数值进行微调，反复试烫。通过试烫可以注意到金属版上难以发现的凹凸导致的斑点，为了让色箔均匀附着，可以在纸张下方部分垫上薄纸，以保证表面平整。多次精密作业后，才能进行正式烫印。

5

正式烫印，完成

正在烫印文字"寿"和菱形的礼签。核对好位置，把纸放入烫印机。启动金属版，缓缓下降，瞬间就完成了色箔图案的转移。仔细检查是否有斑点、渗出等。烫印工序完成。

烫印店铺的纸类文具

可以在COSMOTECH的网上商店购买一张张通过手工操作加工完成、美观精致的原创纸制品。该公司还承接同人志的封面加工、名片制作等业务，也可根据客户要求进行定制加工。还可以预约参观工厂。

活用装订技术的高品质笔记本

采访对象:
渡边制本株式会社

@booknote_tokyo
@booknotemania
www.booknote.tokyo

可尽情书写的大容量笔记本

笔记本是创造力的源泉。它是自由大胆地书写涌上心头的各种想法和创意的重要工具。因此，想要毫无顾忌地在上面书写一番。作为专业印书公司，位于东京都荒川区的渡边制本株式会社策划和生产的"BOOK NOTE"（参考第115页）就是满足您以上心愿的产品。OK Fools高品质纸张与钢笔适配度完美，封面是交叉图案，重量便于携带等，这款笔记本集多个特点于一身，但最吸引文具迷的是可以180度平摊。在桌子上翻开笔记本，可以在左右两页肆意书写。即使360度折叠起来，也可以轻松书写。这款书写自由、容量大的笔记本采用了精装装订技术。耐用和容易翻开的秘密在于线装和经熟练手工操作制作的书脊。请阅读制作工序部分。

兼备美观和使用便捷的BOOK NOTE。笔记本使用了奶油色的OK Fools纸张。尺寸分为B6和A5，内页有空白和5毫米网格两种。

主体书芯线装

将笔记本的书页经折页、配贴成册后（16张为1沓，12沓为1本）用机器线装。线装是传统的装帧方式，其特点是内页易翻开，不易散落。

剪掉书脊的棉线，涂上糨糊增强牢固度

为了让书脊保持平整，用糨糊黏合封面与书芯时，要剪去书脊处多余的棉线。接着在书脊处涂抹糨糊，增强装订的牢固度。为了确保糨糊不浸入线装内侧，需要手工艺人的手工操作，对糨糊的用量进行微调。

包上封面

将在别的工序中制作完成的封面裹住书芯。这是体现BOOK NOTE特点的重要工序。通过手工操作，在书脊处涂抹糨糊，将封面与书芯牢固粘贴。通过绝妙的糨糊涂抹技术，可实现易于翻开和耐用的目标。

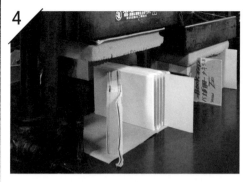

强力黏合书芯和封面

粘贴完毕后，用熨烫机一边加热，一边将封面和书芯强力黏合在一起。在日本，该工序被称为"烧付"。

用糨糊粘贴书芯和环衬页

通过手工操作用糨糊将书芯和环衬页粘合在一起，再次使用熨烫机。

切书

书芯和封面都干透后，进行除书脊外的三面裁切工序。用眼睛查看被裁切的部分，用手指仔细触摸检查。

修切圆角

为防止翻页时碰伤手指，边角上卷或折断，会将数本笔记本一起修切圆角。然后逐本检查，装上封带，大功告成。

仅限网上商店，根据客户需求定制的修切服务（免费）大受欢迎。据说为了感谢顾客，渡边社长会亲自裁切笔记本。还有收取一定费用的印名服务，可将笔记本作为礼物赠送他人。

笔记本的特制修切服务

轻松实现 180 度平摊，即使 360 度翻折，也能顺畅书写。反复翻开笔记本，书脊也不会起皱、断裂，十分结实耐用。

工厂参观③

玻璃蘸水笔之趣

采访对象：

HASE 玻璃工坊

🐦 @haseglassworks
📷 @naohirohasegawa
URL haseglass.thebase.in

美观且易于书写、独一无二的玻璃蘸水笔
将高超的喷烧工序整理成报告

　　伴随着彩色墨水的风靡，玻璃蘸水笔也深受大众青睐。针对初次使用玻璃蘸水笔的人群、买了笔但觉得用不来的人群，还有考虑到握笔力道，犹豫要不要购买的人群，我们强烈推荐一款玻璃蘸水笔：以"书写流畅，外观漂亮"在"文具女孩"中大受追捧，由HASE玻璃工坊出品的玻璃蘸水笔（参考第107页）。

　　材料为可用于制作茶壶的轻便结实的耐热玻璃和硼硅酸玻璃。它有清新的透明感，迎着光可变换不同色彩，外形神秘。它具有方便持握、书写流畅的特点，无论是闪粉彩墨还是颜料墨水，都能稳定出墨，比想象中能写。书写体验出色，仿佛在用水性笔一般。

造型优美的"彗星"。稍后介绍粉色"彗星"的制作工序。

　　此外，购买后可享受一年免费笔尖修理服务，确保安心愉快地使用，的确称得上是理想中的玻璃蘸水笔。为了了解在2000多摄氏度的高温火焰中烧制玻璃的技艺，此次我们拜访了位于埼玉县坂户市工坊的长谷川尚宏，有幸目睹了"彗星"的部分制作工序。

从玻璃管截出笔杆

用火焰喷枪加热直径约 30 毫米的硼硅酸玻璃管，使手持的玻璃管熔融。接下来，加热适当长度的玻璃管，出现凹陷时，将其放置在 Y 字形器具上，同时转动，等稍稍冷却后截断。

将截出的玻璃做出气球状

用玻璃棒使开口端闭合，另一端套上吹杆，吹入空气，使软化状态的玻璃变成椭圆形。这就是笔杆的雏形。

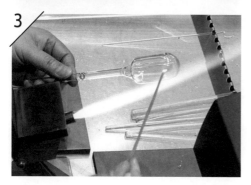

笔杆附着条纹色彩

加热椭圆形笔杆和细长的彩色玻璃棒，一边保持适当的笔杆硬度，一边以等间距的方式将彩色玻璃棒均匀按压在笔杆上。这时笔杆与色彩尚未混合均匀。

4

让笔杆与色彩融合

用玻璃棒将一端往中间靠拢，另一端套上吹杆，持续吹气加热。利用玻璃具有的表面张力，不断使其膨胀和收缩，使纯净的玻璃笔杆均匀地与色彩融为一体。这时还是个圆球状，看上去并不像笔。

5

调整"彗星"的立体造型

条纹色彩与笔杆融合后，调整笔杆重心。为了易于持握和书写，要使前端稍厚，后端稍薄。接下来，就是外观的成型。一边注意笔杆整体的平衡，一边拉伸尾端，使其像滑过夜空的彗星形状，一气呵成。

装上笔尖

笔尖是笔的关键所在。长谷川尚宏追求的目标是由他制作的玻璃蘸水笔适合任何墨水，即便是高黏性的闪粉彩墨，也可以流畅书写。经他不断改良、尝试，制造出带有 8 条沟槽的极致笔尖。首先用火焰喷枪把刻好沟槽，用来制作笔尖的玻璃加热，使其熔接在笔杆上。

笔尖上增加旋转

两手朝反方向扭动，在熔接的笔尖上多加旋转。相对于右手，左手以约 1.3 倍的速度扭动，整支笔呈现出优美的立体造型。因为旋转，墨水就可以稳稳地贮藏在笔尖，出墨流畅，完成大量书写工作。笔尖兼具流线型的外观和功能性上的完美。

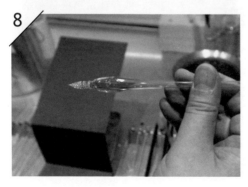

修整笔尖，完成

进行微调，让沟槽对准笔尖，修整，完成。"彗星"是中空笔杆，由于笔身轻巧，持握舒适，书写感受非常出色，深受大众欢迎。用电炉使其冷却后，用防水纸仔细打磨笔尖，确认书写感受后就可以发往店铺了。

与玻璃蘸水笔配套使用的是带闪粉、金属粉的 Tono&Lims × HASE 玻璃工坊的原创墨水"紫空"2 色（闪粉）、"彗星"系列 6 色（金属粉），合计 8 色。此外还有色彩丰富的瓶装墨水、纸张和笔记本。

可以试笔和调整笔尖，还有原创墨水可选

店铺里摆满了以"彗星"为首的各种手工制作的玻璃蘸水笔，设计精美，争奇斗艳。如果有喜欢的笔，推荐在试笔区体验书写感受后再购买。在店内消费的顾客可以请长谷川尚宏调整笔尖。惯用左手的人请一定向他咨询。另外，购买一年内可以享受免费修理笔尖的服务，一年后修理笔尖则收取一定费用。

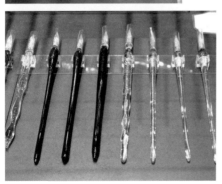

无论艺术作品还是首饰，每一件都独一无二

长谷川尚宏以制作首饰起家。店铺里除了玻璃蘸水笔，还有许多造型精致的商品，例如从玻璃球体中饱览神秘宇宙景色的艺术作品"银河"、在纯净玻璃上坠着宝石的挂件、轻巧璀璨的中空玻璃耳环等，令人目不暇接。每一件都由长谷川尚宏亲手制作，是独一无二的作品。

HASE玻璃工坊的长谷川尚宏

工厂参观④
现代铸造的金属活字

采访对象：
活版活字PROJECT 字心
jigocoro.net/
筑地活字

@tsukijikatsuji
Tsukiji-katsuji.com/

将铅熔融后，制成活字组合文字进行印刷

　　这是在"文具女孩"中享有高人气的活字印刷必入品。尽管便签和卡片也很受欢迎，但活字印刷原本的魅力就在于独特的文字美感。这是只有活字才具有的凹凸和阴影。手里捧着小心印刷的名片和卡片时，不禁内心感到震撼。塑造出这般文字存在感的正是金属活字。

　　位于横滨的"筑地活字"是日本为数不多的铸造活字印刷活字的专业工坊。具有百年历史的筑地活字收藏了大约 26 万个活字字模。在金属活字上刷上油墨，把纸按压其上进行印刷，因此两百字的文章需要平假名、汉字、符号等两百多个活字。印刷品不同，所需要的活字大小、字体也要区分使用。从铸造活字到印刷完成，凝结着一代代不断传承的匠人手工艺和创新想法……我们一起来感受活字印刷、活字的魅力吧。

完成活字铸造工序的
大松初行

加热并熔融铅合金锭

所谓浇铸活字是指将金属熔融后，倒入铸模来制作活字。金属活字的原料是铅合金锭，是由铅、锡、锑组成的合金（如左图所示）。将其放入铸字机的熔铅锅，加热至 350~400 摄氏度，使其熔化成液态。

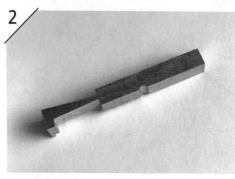

活字主体形成

将熔化的金属液体浇入铸模，用水冷却的瞬间凝固成型。铸成的活字主体为立方体。其尾部被称为"赘片"或 JET。取下尾部。

确认活字主体大小

将浇铸成型的 4 个活字排开，测量尺寸大小。该尺寸决定了活字的高度和宽度。

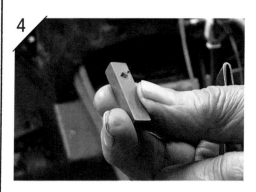

4

安装字模

调整完活字的大小后，在铸模前端安装字模。字模由黄铜制成，雕刻着反体字形。所选字模的文字是"令和"的"令"。

5

浇铸活字

终于要浇铸活字了。活字主体和文字铸成一体化。此阶段要检查文字的中心是否在合适的位置。把刚出炉的活字放在手里仔细查看。

6

拼版

用金属活字将印刷用的文字组合在一起。将活字放在印版盒中，左右翻转排列开来。比印刷活字高度略低的空白部分材料（被称为铅条、填空材料）也摆放好。最后的印刷活字摆放成上下颠倒的样子，如此可以呈现出空铅的形状。空铅是没有印刷活字时使用的记号。

各种方式来享受活字印刷的乐趣

活字印刷可根据奇思妙想，展现出不同的乐趣。组成文字的印刷活字用燕尾夹、透明胶带固定好，蘸上墨水，就可以代替印章。

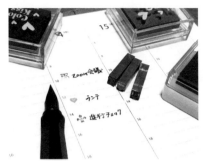

被称为"花形"的活字纹饰，一个130日元。产品汇集了装饰用的记号、符号等。非常适合在日记本上盖印章。

由筑地活字、early cross、namatame print三家横滨企业联手推出的活版活字PROJECT字心的原创书签。宣传活字魅力的研讨会和工作坊也在筹划当中。感兴趣的人可以访问相关网站。

印刷活字支架。用专用支架将组合好的印刷活字固定在一起，可以轻松盖在卡片和信封上。这里也可以购买。

附录

其他知名文具品牌一览

本书主要介绍了日本的国产文具，
但其他地方的文具也令人心向往之。
也许很多人对某个品牌有所耳闻，
但对必入品的特点和历史不明所以……
在这里，我们将介绍以"文具王国"德国为首的欧洲国家的文具老
字号，还有当下备受关注的中国台湾的文具品牌。

01

[德国]

Montblanc
万宝龙

www.montblanc.com/ja-jp

提到高端钢笔，很多人脑海里就会浮现出万宝龙。万宝龙出品的"大班"系列被誉为"钢笔王者"，不断受到世界各国用户的喜爱。

~~~~~~~~~~~~~~~~~~~~~~~~~~~~

02

[德国]

Pelikan
百利金

www.pelikan.com

百利金钢笔每年都入选世界必需品名单。Souveran系列深受市场青睐，在德语中意为"极致"。其标志是笔尖刻印的精致鹈鹕形象。

~~~~~~~~~~~~~~~~~~~~~~~~~~~~

03

[德国]

LAMY
凌美

lamy.jp

1930年在德国创立的文具品牌。凌美"狩猎"（LAMY safari）系列是一直深受大众喜爱的钢笔和圆珠笔必入款。时尚的设计、限定款颜色都让其稳居人气榜单。4色圆珠笔"LAMY2000"也畅销不衰。

04

[德国]

KAWECO
卡维克

www.kaweco-pen.com

以造型可爱的钢笔、圆珠笔 Kaweco Sports 闻名于世的德国品牌。20 世纪 70 年代该品牌一度退出历史舞台（因为破产），被收购后延续至今。笔身短小，便携，与小手账搭配使用。

05

[德国]

FABER CASTELL
辉柏嘉

www.faber-castell.jp

拥有 250 多年历史的德国书写文具品牌。该品牌由辉柏嘉伯爵家族世代经营，据说公司总部是座城堡。它是生产水溶性彩色铅笔和粉蜡笔等绘画文具的经典品牌。

06

[德国]

STAEDTLER
施德楼

www.staedtler.jp

施德楼以蓝色笔杆上黑白相间的制图铅笔名闻天下。绘图人士人手一支。此外，该德国品牌还生产钢笔、尺子、圆规等制图必备文具。

07

[法国]

HERBIN
赫宾

www.quovadis.co.jp/brand/herbin.
html

创始于路易十四时期，来自法国巴黎的老字号。以封蜡（火漆）和古典墨水闻名于世。近年来，加入金粉的周年纪念版墨水也颇受青睐。

~~~~~~

08

[英国]

PARKER
派克

www.parkerpen.com/ja-JP

作为英国皇室的御用品牌而享有盛名。具有代表性的必入品类是 1954 年发售的"乔特"（Jotter）系列圆珠笔，其特点是笔夹上雕刻着箭羽图案。

~~~~~~

09

[瑞士]

CARAN D'ACHE
凯兰帝

www.carandache.com/jp.ja/

1915 年，创立于瑞士日内瓦的画材、书写工具品牌。六角形笔杆的"849"系列圆珠笔、Ecridor高档圆珠笔系列和彩色铅笔等产品闻名遐迩。

10

[意大利]

Castelli Milano

diamond.gr.jp/brand_dia/castelli-milano

由意大利手账、文具品牌创建的笔记本品牌。封面华美、精致的意大利制造笔记本畅销世界上 20 多个国家。笔记本带有页码，因此还可以作为日志手账。

11

[中国台湾]

Ya-Ching Style

雅流
www.facebook.com/yachingstyle

由中国台湾宝石设计师创立的文具品牌。玻璃蘸水笔采用转换器式储藏墨水，盖上笔帽，就可以像钢笔一样便于携带，因此作为"玻璃钢笔"深受大众欢迎。

12

[韩国]

PAPERIAN

paperian.co.kr

近年来深受女生喜爱的韩国文具品牌。其特点是雅致的驼灰色配色。产品汇集了配色绝美的笔记本、贴纸、记事本等时髦现代的女生文具。

实地探访更有意思的日本文具店

　　文具店虽数不胜数，但其中充满乐趣的是体验型文具店，你可以亲自尝试某个新产品，挑选零件进行个性化定制。如果你喜欢外出，请一定移步逛逛。这里介绍一些可体验工作坊和活动的店铺。以下信息截至 2021 年 2 月，由于营业时间会变更和采用预约制等，很多店铺的经营模式有所变化，因此来店前请查阅官网。

01

[藏前]

kakimori
https://kakimori.com/

以"快乐书写的人群"为经营理念，位于日本东京老城区的文具店 kakimori。由顾客挑选喜爱的封面、内芯纸张、别扣等零件，让店铺来装订的服务颇受欢迎。另外，还可在 17 款基础颜色中自由搭配来制作原创墨水。

02

[新宿]

伊势丹
stationery
inklab

twitter.com/labo_stationery

2019 年在伊势丹新宿店开业的 inklab。从 24 色墨水中选择混合，制作喜爱的原创墨水。毋庸置疑，还可以试用玻璃蘸水笔和钢笔。你可在专为钢笔打造的 GRAPHILO 纸张上体验高档墨水。

03

[神保町]

竹尾见本帖本店

www.takeo.co.jp

经营纸张的专业贸易公司。竹尾经营的纸张，涵盖 300 多个品牌、2700 个种类的纸张，都可以在店铺里亲眼所见、亲手触摸并购买。你可享受精美纸张的各种质感和触感，色彩种类丰富。接受购买 1 张。此外还会举办展览会等活动，是纸张控流连忘返的地方。

04

[银座]

CARAN D'ACHE
银座精品店

@ @carandache_ginza

前面介绍的瑞士书写工具品牌凯兰帝在银座开设的店铺。以 "849" 系列圆珠笔为首的色彩绚丽、外观精美的必入品令大众心满意足。另外，店铺还设有体验绘画用具的涂色角，平时也会举办各种工作坊，在这里你可以充分体验凯兰帝文具世界的魅力。

05

[日本桥]

诚品生活
日本桥店

www.eslitespectrum.jp

中国台湾具有代表性的大型连锁书店。经营产品包括书籍和流行的日用杂货，同时还以多次举办工作坊和脱口秀而声名远扬。在日本开设的首家店铺位于日本桥。店铺里摆放着很多品味考究的文具，同时活动场所和玻璃工坊一应俱全。这是一家可以让你静下心来，细细品味的文具店。

06

[东京、千叶、京都]

TRAVELER'S
FACTORY

旅行者文具店

www.travelers-company.com

以"像旅行一般，每日需要的文具"为经营理念，经营产品以旅行笔记本和文具为主，并覆盖日用杂货的旅行者文具店。店铺有许多原创产品和独一无二的印章，可以经常举办各类活动。一边喝咖啡一边写笔记的自由空间等，能吸引你特意前往。除中目黑外，旅行者文具店还在东京站 Gransta 等各地开设了店铺。

07

[浅草桥]

Stitch leaf

www.stitch-leaf.net

创立于 2019 年的活页纸专卖店。挑选自己喜爱的尺寸、形状和颜色做封面，再加上缝线和其他零件，可以制作属于自己的纸夹。封面、封底和书脊的颜色搭配可谓是无穷无尽。选好的配件经由店员手工缝制，精心制作完成。挑选索引页和替换内芯的时间也会让人心潮澎湃。

08

[日本国立]

TSUKUSHI 文具店

www.tsu-ku-shi.net

位于住宅街的一家小小文具店,以"连接生活与工作"为经营理念。不仅第 163 页介绍的 TSUKUSHI 文具店的原创文具受到追捧,它作为经常举办工作坊和设计课程的场所,作为喜爱文具和设计的人士相遇交流的场所也颇受欢迎。这是大人特意绕道也想去逛一逛的文具店。

09

[大阪市中央区]

图画文字

kami-emoji.com

一家位于大阪空堀商店街,经营各种纸张、杂货的店铺。纸张控看到纸张混合套装、作家联名款必入品等时一定会欢呼雀跃。其中最受欢迎的服务是可挑选封面、活页环、别扣来组装属于自己的原创笔记本。当看到木头架子上摆放着一排排各类纸张时,毋庸置疑,你一定会热血沸腾。

10

[名古屋市中区]

手制本
notebook Endpaper

twitter.com/Endpaper1496

拥有众多爱好者的手工装订世界。用高雅考究的纸张、布料精心装订一本书或笔记本。位于名古屋的这家店既是手工装订工作坊,也是一家商店。可根据喜欢的配件,让店铺制作硬质封面笔记本。另外,它家的原创墨水颇受欢迎。

协助制作

接下来，将介绍为完成本书提供帮助的各位文具爱好人士。

在女生文具选定环节，作为选定委员的各位专家每晚都在线上开会商议。此外，特别感谢采访环节的各位人士和本书制作团队的每一位成员。

监修

∩OU⊞O.CO

nouto 株式会社

高木芳纪

1971 年生于日本名古屋。

开创了世界上前所未有的笔记本的策划师。

入职贸易公司后，跳槽至涩谷的老字号文具店 tsubameya，主要负责网络购物。2017 年将文具广告（在商品上印刷公司名称进行广告宣传）业务发扬光大，成立了 nouto 株式会社。目前他负责文具广告商品的策划销售，同时是文具杂货制造商。

他灵活利用众筹，采用与各领域专家联名推出商品化文具的手法，不断推广事业。其中，代表产品有与发明家 MOZU 的联名款错觉笔记本 NOUTO、适用钢笔书写的日志笔记本以及 NOMBRE NOTE "N" 等。

自 2012 年起，他还举办文具节、文具清晨活动会。此外，他还多次举办文具系列工作坊的文化节、WorkShopHoliday 等活动，同时担任扶桑社"文具店大赏"的评委会主席。

执笔
Sakai Sayori

兴趣爱好是美术鉴赏、旅行、收集文具和矿物、读书、学习中文和练太极拳。对文具的兴趣始于对学习中文有裨益的手写账技巧，自此热衷文具，成为墨水控。还非常喜爱能使用瓶装墨水的水性圆珠笔。对中国大陆和台湾地区的文具和活字印刷也颇有兴趣。

编辑、执笔
生田信一

Far, Inc. 的经营者。在网络上为"活字印刷研究所"和"designlog"写稿。

排版
生田祐子

在制作书籍的 Far, Inc. 负责排版工作。如果需要赶时间的排版、有趣的排版、无聊的排版，都可以由其完成。

插画
手绘团体 WHW!

以手绘艺术家 CHALKBOY 为首成立的手绘团体 WHW!。多位艺术家汇聚一堂，无论是看得到的价值，还是看不到的价值，都可用手绘方式来描绘的技能团队。负责本书的插画。

书面设计
IWANAGA SATOKO

在京都从事书籍和杂志的设计工作。近几年曾经喜爱的用作手账的笔记本和笔都已停产，所以只买了有库存的商品。用完后会参考本书，寻找下一个候补对象。

装订
surmometer inc.

在日本东京都中目黑从事器具和工艺商店的规划设计团队。以"相互传递温暖"为经营理念，一边挖掘考察日本各地的饮食文化，一边进行植根于大众生活的设计活动。

编辑

古賀あかね

担任本书编辑。感谢大家的大力协助。由于本书的影响，购买了 Hobonichi 周记手账、TSUKUSHI 笔袋和野账。发现自己喜欢上了 ACRO 1000 和 MILDLINER Brush。是一位和无数待办事项战斗的职场妈妈。

摄影

安井真喜子

出生于日本北海道的摄影师。师从 KJ 工作室的中村淳，后成为一名自由职业者。为书籍、杂志、网络等拍摄静物、菜肴、生活照片。在本书中负责摄影和设计。

编辑助理

桥本夏实

在翔泳社从事校订工作。自 2021 年被分配到书籍编辑部，与摄影师安井真喜子一同负责摄影工作。

采访相关

mizutama

居住在日本山形县米泽市。自 2005 年起开始制作橡皮印章，同时也是一名插画师。2019 年冬出版绘本《文与具的闪光文具店》(玄光社)。与文具品牌联合推出多个联名款，有多部著作。

采访相关

CHALKBOY

"在咖啡店打工时，我每天在黑板上手绘菜单，觉得越发有趣。等回过神来，它已成为我的工作。最近我也能在非黑板材质上用粉笔以外的工具进行艺术创作了。" 2018 年成立 CBM inc.，组建了包含多位艺术家在内的手绘团体 WHW!。在本书中公开了自己的灵感笔记。

采访相关

bechori

手绘艺术字、书法、日文等的艺术工作者 bechori。除了在《趣味文具盒》杂志进行连载，还在优兔等平台上发布视频。

采访相关

Pitna

和手账的缘分源于 misdo 的 SCHEDULUN，喜欢把替换内芯取出来插进去，在上面书写。今年入手了 Hobonichi 和 brownie 的手账。喜欢狗和涂鸦。

采访相关

Yuzu 文具店 Yuzu 店长

在优兔运营"Yuzu 文具店"，发布以宣传文具和手账乐趣的视频。兼任"鹿儿岛手账部"部长一职。最近最喜欢的是用皮革活页手账"M5"来创作原创替换内芯。

采访相关

心满意足手账店店长 Mukuri

满足内心的需求、整理生活。通过书写，获得内心安稳平静的生活。其家庭收支簿、防灾笔记、调音版日志、手账内芯等都在 STORES 上发售 PDF 版。

采访相关

Mazume Miyuki

居住在鸟取县米泽市的插画师，是一位孩子的母亲。格外钟爱玻璃蘸水笔和钢笔墨水，擅长以童话和动物为主题创作墨水画。最近开始关注文具和日杂制作，销售亲手创作的商品。

采访相关

福岛槇子

文具策划师。在线杂志《otegami 信》总编辑、《每日文具》副总编辑。通过社交网络平台发布信息，出演广播、电视、杂志等媒体节目，推出有文具陪伴的美好日子策划书和相关提案。有多部著作。

采访相关

Miyazaki Juun

手账活用设计师。主持"手账早餐会"节目。经营"手账社中"和"Listy 同盟"。在"pocketnotebook-workshop"举办皮制封面手账 ochibi 工作坊。担任 NOMBRE NOTE "N"监制。

采访相关

maki

既无网店也无实体店的文具店 happaya 的老板。在咖啡馆或集会时售卖相关商品。住在东京。喜欢文具、纸张、箱子和咖啡。酷爱萌萌的包装和金属罐。

采访相关

mayupooh

居住在日本千叶县，是两个孩子的妈妈。作为橡皮收藏家，参加电视节目等媒体录制。收集橡皮已有 35 年，数量超过 23 000 个。著有《橡皮收藏》。

采访相关

Kitagawa Seiko

经营一家名叫 PalloBox 的店铺，涉及书籍、文具、手工等相关业务。开设制作橡皮印章、蜡纸、袖珍本等物品的工作坊。被称为"西部手工师"。亲手设计了 himekuri2021 年版的"himekuri zoo"。喜欢日本象棋。

采访相关

Butterfly

喜爱读书、文具、杂记、植物、编织、写信、料理和日本象棋的宅女。日本装饰稿纸消费者协会第 220 号会员。钟爱皮革手账封面、笔夹、钢笔等能长期使用的文具，并乐在其中。

采访相关

NANATSUBOSHI

无论成功还是失败，都一直在奋战的斗士。钟爱 Hobonichi 手账，并在社交平台上公开分享"Hobonichi Hamu 手账"页面。此外，她还喜爱插画、橡皮印章、纸胶带和拼贴等。

采访相关

冈崎弘子

已有 110 多年历史的连锁书店有邻堂的文具采购员。曾参加东京电视台节目《电视冠军王》之文具王锦标赛，2019 年闯入决赛。冈崎弘子负责选定、展示有邻堂最新店铺"STORY STORY YOKOHAMA"的文具、杂货商品。

文具选定委员

kiichigodo

生活费来源于制作网页，从会议记录到网页设计都用纸笔完成的手写派。非常喜欢maruman pocket croquis sketch book 和施德楼制图用高级铅笔MARS LUMOGRAPH。东京国际笔展的全勤志愿者。

文具选定委员

HARUKA

自小喜爱文具。大学毕业论文的题目就与文具相关。只要有时间，就会去文具店"充电"，在社交软件和博客上连呼"可爱、太棒了"。梦想是逛遍全世界的文具店。

文具选定委员

mizuki

沉迷于文具的世界中无法自拔，正在休生育假的妈妈。作为小记事本的爱好者，在社交平台上发布关于手账文具的投稿。

文具选定委员

rinnne

越发喜欢文具，创建了自己的推特账户。认为文具抚慰内心，尤其喜欢绿色和紫色的文具。

文具选定委员

渚纱

兴趣广泛，对多肉植物、野生花草、兰花、钢笔、圆珠笔、自动铅笔、纸张、现代美术、玻璃、描金画、螺钿、摄影、照片、程序设计、皮革制品、包豪斯建筑流派、设计、制造、音响都感兴趣。

文具选定委员

Ai

喜欢文具，喜欢写写画画。以"让生活更丰富多彩"为格言，在PAPER HOLIC发布关于文具的投稿，以"让笔记本更简单、更愉快"为主题，不定期发布带日期的贴纸、日志贴纸等。

文具选定委员
MIKO BUNGU

在博客、优兔等社交平台将文具魅力娓娓道来的日本关西学生。作为文具green supporter的首期成员、加入关西笔记道乐（日本关西地区的大学圈文具爱好社团）。

文具选定委员
うさちょん

喜欢文具、手工制造（包含纸类）、贴纸（尤其是烫金贴纸），Moleskine（意大利文具品牌）爱好者协会会员。还喜欢手账和笔记本，爱装饰手账。今年很喜欢使用让心情舒缓的手账。

文具选定委员
大納言あずきを推す海胆@ステッドロス

常用话题标签有"文好部No.1005""日本全国手账sukasuka会No.0237""随意手账"等.

文具选定委员
KANAYU

喜欢活页手账。负责"更加喜欢自己的手账"手账和文具策划等。还发布原创替换内芯。出生并居住在日本爱知县。格言是"自由地活出自己"。

文具选定委员
rassyu

钟爱狗（尤其是金毛）和文具的公司职员。心里惦记的东西一定要尝试一下，否则内心难以平静。特别喜欢逛文具店和文具展会。倘若可以轻松搭话交谈，将不胜欣喜。

文具选定委员
marine-risu

沉迷于逃亡游戏和文具的网络作家。同时是一名文具店铺巡回员。

中英文对照表

dye ink	染料墨水
embossing	压花
foil stamping	烫印
ganpi	雁皮树
kouzo	楮树
mitsumata	三桠
notebook decoration	笔记本装饰
paper size	纸张尺寸
pigment ink	颜料墨水
stamp	印章
stationery	文具
technique of printing	印刷工艺
washi	和纸